复杂机械系统建模与声振控制

徐 洋 著

上海科学技术出版社

图书在版编目（CIP）数据

复杂机械系统建模与声振控制 / 徐洋著. -- 上海 ：
上海科学技术出版社，2024.1
ISBN 978-7-5478-6445-6

Ⅰ．①复… Ⅱ．①徐… Ⅲ．①机械系统－系统建模②
机械系统－噪声控制 Ⅳ．①TH122②TB53

中国国家版本馆CIP数据核字(2023)第236488号

复杂机械系统建模与声振控制

徐　洋　著

上海世纪出版(集团)有限公司
上海 科 学 技 术 出 版 社 出版、发行
（上海市闵行区号景路 159 弄 A 座 9F - 10F)
邮政编码 201101　www.sstp.cn
上海颛辉印刷厂有限公司印刷
开本 787×1092　1/16　印张 8.5
字数：180 千字
2024 年 1 月第 1 版　2024 年 1 月第 1 次印刷
ISBN 978 - 7 - 5478 - 6445 - 6/TH·105
定价：88.00 元

内容提要

　　本书系统介绍了复杂机械系统建模与声振控制的方法及案例,内容主要涉及机械系统的理论、仿真与实验建模、力学/声学响应求解,以及机械系统的声振控制研究。全书将理论基础与专业案例相结合,反映了机械系统建模与声振控制的最新研究成果。

　　本书内容分为5章,第1章叙述复杂机械系统的概念以及声振问题对机械系统的影响;第2章通过簇绒地毯织机的耦联轴系、纱线束和柔性耦合隔振系统三个案例,介绍复杂机械系统理论建模过程;第3章以星箭解锁机构、谐波减速器、簇绒地毯织机为案例,讨论仿真与实验建模方法;第4章讨论复杂机械系统的声振控制原理,并对宽重型织机和卫星展开声振控制研究;第5章介绍了新兴技术在复杂机械系统建模与仿真中的应用。

　　本书可作为高等院校机械工程、纺织工程、土木工程、航天工程、工程力学和应用数学等专业高年级本科生和研究生的学习用书,也可作为机电领域工程师的技术参考书。

前　言

随着现代工业技术的不断进步,机械设备朝着高速强载、持续运行和复杂化的方向发展。为满足多种任务要求,机械装置不可避免地会产生多种形式的振动及噪声污染。强烈的机械振动和噪声,会造成设备疲劳、机件磨损,加速机器破损,降低产品质量和机器寿命。因此,进行复杂机械系统的声振控制问题研究,对提高机械装备的质量和可靠性具有重要意义。

复杂机械系统建模是声振控制研究的必要基础。为了能够有效制定合理的减振降噪措施,必须清楚掌握复杂机械系统的模型特性及部件之间相互作用关系,依据振动/噪声源具体分布规律,有针对性地施加控制策略。本书从复杂机械系统的理论、仿真及实验建模入手,分析系统力学/声学响应特征,准确定位噪声源和主导传递路径,为更有针对性地施行减振降噪措施提供依据。研究内容主要包括以下几个方面:

在复杂机械系统建模方面,通过簇绒地毯织机耦联轴系、簇绒纱线束和柔性耦合隔振系统三个案例,描述了复杂机械系统理论模型的一般性方法,并进行模态、频响等特性分析。基于多种有限元软件,对星箭解锁机构、谐波减速器和簇绒地毯织机三个案例进行仿真分析,预测机械系统的性能和行为,结合系统动、静态实验数据,深入研究复杂机械系统的性能和潜在问题。

在复杂机械系统声振控制方面,以宽重型织机和卫星动量轮为例,进行微振动模型构建、噪声源识别定位和传递路径分析,从振动与噪声的源头、传递路径、目标点三个方面阐述声振控制原理及方法。通过声振控制减少机械系统的振动、噪声及多余能耗,提高系统的稳定性、可靠性和工作效率,对提高机械设备的质量具有重要意义。

在基于新型技术的复杂机械系统建模和仿真方面,通过机器视觉技术在工业品表面缺陷检测中的应用、人工智能技术在机械部件损伤检测和健康监测中的应用这三个案例,基于多维传感数据和深度学习算法,实现机械系统部件的智能运维,降低能源消耗,从而致力于提高我国装备质量的整体水平。

本书内容偏重于理论推导结合案例分析,通过引入纺织工业、航空航天等多领域复杂机械系统的实际案例，说明多种建模方式及建模原则。基于复杂机械系统模型，从振动与噪声的源头、传递路径、目标点三个角度对机械系统的声振控制展开分析，以有效降低振动与噪声的影响，提高机械系统的稳定性和可靠性。本书是作者对机械系统建模与声振控制研究的总结，希望为机械工程、纺织工程、航空航天等领域的青年学者和工程师提供一种技术参考，使机械装备朝着绿色化和精密化的方向发展。

徐　洋

2023 年 10 月于东华大学

目　录

第 1 章
绪　论

1.1　复杂机械系统概念

1.1.1　系统的定义及分类

系统是指由相互联系的各个组成部分构成的整体。它们在一定的限制条件下共同运行，以实现某种特定的功能或目标。系统的概念被广泛应用于机械工程、自然科学、社会科学等不同领域和问题中，如机械系统、社会经济系统等。通过对系统的建模和分析，可以更好地理解和掌握系统的本质和特性，从而为系统的设计、优化和控制提供有力支撑。系统可以按照多种方式进行分类，具体如下：

1）根据系统的性质和特点分类

（1）物理系统。指以物体、能量、力学作为基本组成部分的系统。例如机械系统、电气系统等。

（2）抽象系统。指以符号、信息、算法作为基本组成部分的系统。例如计算机系统、控制系统等。

（3）自然系统。指以自然环境、生态系统为基本组成部分的系统。例如生态系统、气候系统等。

（4）社会系统。指以人、组织、社会关系等为基本组成部分的系统。例如经济系统、政治系统、文化系统等。

2）根据系统组成方式分类

（1）单一系统。指由单一组件构成的系统。例如单个机器人、单个机床等。

（2）复合系统。指由多个单一系统相互作用和关联的系统。例如机器人系统、工厂生产线等。

（3）分散系统。由多个相互独立、自治的子系统构成，各个子系统之间通过网络等信息交互连接。例如分布式计算系统、分布式控制系统等。

3）根据系统状态与时间关系分类

（1）稳态系统。指系统内状态参数保持不变或周期性变化。例如直流电路。

（2）动态系统。指系统内状态参数随时间不断变化。例如机械系统、控制系统等。

1.1.2　机械系统的组成及分类

机械系统是指由质量、刚度及阻尼的若干结构所组成,彼此有机联系,并能完成特定功能的系统。这些结构可以是机器零部件、机器人组件、星箭分离部件以及其他机械作用的物体。机械系统是机电一体化系统最基本的要素,通过执行机构、传动机构和支撑部件完成规定动作,如传递功率、运动和信息等。在机械系统中,物体之间的相互作用可以是力、热量、动能、势能等形式。这些相互作用关系可以利用工程力学、应用物理、机械工程等学科的基本原理进行描述。

1) 机械系统组成

(1) 动力系统。指机械系统工作的动力源,包括动力机及其配套装置。例如电动机、发动机、液压系统等。

(2) 传动机构。指将动力系统输出的功率和运动传递给执行机构的中间装置。例如齿轮、传动轴等。

(3) 执行机构。指利用机械能来改变作业对象的性质、状态、形状或位置。例如机器人机械手、卫星动量轮系统等。

(4) 控制系统。指使得动力系统、传动机构、执行机构彼此协调运行,并准确、可靠地完成整机功能的装置。例如 PLC 控制系统。

(5) 支撑部件。指用于支撑和保护所有内部机构和结构的部件。例如卫星框架、机床主体、机器人外壳等。

机械系统是现代工业中最基本的组成部分之一,在交通运输、航空航天、工程技术、纺织工业、机械制造等领域均得到广泛应用。

2) 机械系统分类

机械系统可以按照运动方式、工作原理、结构特征、应用领域、功能特点等不同的方式进行分类。

(1) 按运动方式分类。包括旋转运动机械、直线运动机械和复合运动机械等。

(2) 按工作原理分类。包括电动机械、液压机械、气动机械、热力机械等。

(3) 按结构特征分类。包括刚性机械、柔性机械、可变形机械、复合机械等。

(4) 按应用领域分类。包括农用机械、工程机械、交通运输系统、数控机床、航空航天系统、医疗设备等。

(5) 按功能特点分类。包括运动机械、动力机械、测量机械、制造机械、调节机械等。

1.1.3　复杂机械系统的特征

随着现代工业的发展和科技的进步,人们对物质水平的要求日益提高。为了满足产品需求并改善生产效率,机械设备不断朝着高速、强载、不间断运行以及复杂化结构的方向发展,产生了一系列结构复杂、工况极端、信息融通和精密稳定的复杂机械系统。复杂机械系统是指功能、结构、性能、服役等方面复杂的机械系统。纺织机械、工业机器人、谐波减速器、航天机械(如星箭解锁分离机构和卫星)等均属于典型的复杂机械系统。复杂机械系统的功能日益丰富,运行工况更趋极限,系统非线性和时变特征更为突出,各子系统部件之间的耦合关系更为复杂。

现代复杂机械系统是机、电、液、光等多学科交叉融合于同一载体的机械系统,共有特征具体表现在以下四个方面:

(1)复杂性。复杂机械系统由多个相同或不同的子系统组成,各子系统之间通过耦合构成结构复杂的有机整体,导致复杂机械系统在功能、结构和耦合关系等各方面具有复杂性的特征。

(2)多领域协同。复杂机械系统不仅涉及机械工程学,而且涉及电气工程学、计算机科学和材料科学等多个领域,需要不同领域的专家协同解决,研究复杂机械系统的基本机制、实现方法及分析过程,构建复杂机械系统模型,提高系统的可靠性和效率。

(3)动态性。复杂机械系统通过耦合边界进行能量流、物质流与信息流的传递和转换,实现多种复杂功能,不仅需要分析系统的静态性能,还需要对其在工作环境下的动态响应及性能跟踪进行研究。

(4)多目标性和多约束性。复杂机械系统由于运动形式、工艺路线的不同会产生多目标任务,子系统间的耦合导致系统目标函数、约束条件、设计变量异常复杂,在分解多目标任务时往往相互制约。因此,复杂机械系统具有多目标性和多约束性,机械结构设计须寻求目标函数、约束条件、设计变量的最优表达。

1.2 复杂机械系统声振问题

随着机械设备的结构复杂性和功能多样性的不断提高,机械系统则不可避免地会产生多种形式的振动及噪声污染。近年来,机械制造商为了同时满足高性能、低成本、轻质量这三大目标,相互进行着激烈的竞争。提高机械系统性能的根本是能量的高效利用,即需要防止能量泄漏。同时,应尽量避免将运动能量转化为热能,且须降低振动引起的阻尼。然而,减振材料和装置比一般结构材料更昂贵,使得制造成本大为增加,则无法通过使用减振材料同时满足高性能与低成本的需求。为追求上述三大目标,机械系统出现了振动增大的现象,振动问题变得愈发严重。机械结构在空气中振动时发出声音传递给人们,在人和机械的接触位置,振动问题往往被归类于噪声问题。随着文明的不断进步,无论在空间上还是在心理上,人与机械的距离都在进一步拉近,因此噪声问题也变得越来越重要。

强烈的机械振动会引起结构疲劳、机件磨损和机器破损等现象,从而降低生产的产品质量。此外,强烈的机械振动会产生噪声,工人常年暴露在这种噪声环境下,容易导致听力疲劳,进而引起听力减弱,严重时会造成职业性耳聋。同时,强烈的环境噪声还会使机器结构产生声疲劳,引起机器复杂振动及机件磨损,缩短机器使用寿命。因此,对复杂机械系统进行声振控制问题研究,不仅体现了以人为本、和谐发展的社会理念,对提高机械装备的质量和可靠性也具有重要的意义。

为了能够有效制定合理的减振降噪措施,必须清楚掌握复杂机械系统的模型特性及部件相互作用关系,依据振动/噪声源具体分布规律而有针对性地施加控制策略。因此,复杂机械系统建模是声振控制研究的必要基础和必然选择。

1.3　本书主要内容

本书以专业案例分析的形式,分别采用理论、仿真与实验建模的方法,对纺织机械、航天器、数控机床等复杂机械系统进行模型建立及动力学/声学响应分析。然后,从噪声源识别、定位与传递路径角度出发,对系统进行声振控制研究。最后,研究新兴技术在复杂机械系统建模和仿真中的应用。

在复杂机械系统建模方面,通过簇绒地毯织机的耦联轴系、纱线束和柔性耦合隔振系统三个案例,表征复杂机械系统理论建模的一般性方法。根据星箭解锁机构、谐波减速器、簇绒地毯织机三个案例的仿真与实验分析,说明复杂机械系统仿真与实验分析的一般思路。

在复杂机械系统声振控制方面,分别对宽重型织机和卫星展开分析。采用改进集中平均经验模态分解、声全息技术与快速传递路径分析方法,对宽重型织机进行噪声源识别、定位和传递路径分析;对卫星的主要微振动源进行模型建立及主传递路径辨识。

在基于新兴技术的复杂机械系统建模和仿真方面,以布匹瑕疵监测、轴承与谐波减速器出厂检测和健康监测为案例,利用机器视觉等方式采集复杂机械系统"工业大数据",并应用深度学习算法提高机械产品质量、降低能源消耗、改善运维程序。

第 2 章
复杂机械系统的理论建模

2.1 概　　述

建立数学模型对机械系统进行理论分析,可以更好地设计和优化机械结构,了解机械系统各部分的相互作用关系,预测系统的性能和行为,减少实验测试次数和降低原型制造成本。此外,基于数学模型可预测机械系统的极限性能和故障情况,有助于制定安全措施,实现有针对性的故障诊断和修复,确定优化方法以满足系统特定要求。

本章通过介绍簇绒地毯织机的耦联轴系、纱线束和柔性耦合隔振系统三个案例,表征复杂机械系统理论建模的一般性方法。对于耦联轴系结构,采用传递矩阵法建立系统的数学模型,获取耦联轴系整体的固有频率及各转子振型;对于簇绒纱线束,通过构建几何模型、运动模型及振动模型对其进行振动特性分析,研究纱线束在工作状态下的振动特性与张力的变化关系;对于柔性耦合隔振系统,将阻抗/导纳方法和矩阵传递法相结合,建立复杂柔性耦合系统的数学模型,获取固有频率和耦合系统共振频率。

2.2 复杂机械系统建模目的及原则

2.2.1 建模目的及意义

在机械系统设计及优化过程中,了解系统的运动规律与性能至关重要。机械系统建模可对系统模型进行描述与分析,从而预测不同工作状态下系统的运动规律和性能,如速度、加速度、力、功率、运动轨迹等。在设计阶段可以帮助工程师更好地优化结构与设计参数,从而提高机械系统的性能和效率,减少工程开发的成本与周期;在机器服役阶段可以帮助工程师更好地对机械系统进行故障诊断与设备修复。在机械制造快速发展的今天,机械系统建模已广泛应用于各个工程领域,如机械设计、控制工程、智能制造、航空航天等。此外,机械系统建模对实现机械系统的自动控制起着重要作用。通过建立机械系统的动态模型,设计出合适的控制算法,实现对机械系统运动方式与作用力的控制。

总之,机械系统建模是机械工程中的重要一环,它能为工程师提供一种可靠的预测性工具,以用于指导机械系统的设计、仿真和优化。

2.2.1.1　模型分类

根据分析方法不同,可将机械系统模型分为以下几类:

1)数学模型

机械系统数学模型是一种基于数学理论和方法描述机械系统的模型,可以用于分析和预测机械系统的运动、状态和性能等,常采用微分方程组进行描述,其中各微分方程分别代表机械系统中某个物理量随时间的变化规律。

在机械系统设计和优化过程中,数学模型可以用于预测和优化机械系统的动态特性和性能指标。例如,可以通过建立转子系统的数学模型,预测转子系统的动态响应和稳态振动,从而优化转子系统的结构和工作参数,提高转子系统的运行效率和寿命。在机械系统的自动控制与调节过程中,数学模型也发挥着巨大的作用。例如,在工业机器人领域,可以通过建立机器人动态模型,设计并优化机器人运动轨迹,实现机器人的精准抓取、定位和操作等。总之,构建数学模型是一种基于数学理论描述机械系统的方式,对分析和预测机械系统的运动、状态和性能等方面具有很强的实用性,为机械系统的设计、优化和控制提供有力支撑。

机械系统数学模型的建立需要考虑以下几个因素:

(1)作用力。包括机械系统所受外部力和内部力的作用情况,如重力、惯性力、弹性力、摩擦力等。

(2)运动学。包括机械系统各个部件的位置、速度、加速度等基本运动学参数。

(3)动力学。包括机械系统的动态行为和力学特性,如物体的动量、角动量、能量等。

2)仿真模型

机械系统仿真模型是一种通过计算机软件对机械系统进行虚拟仿真的模型,有助于更好地理解和分析系统的运动状态、工作性能和控制策略等问题。通过仿真模型,设计人员可以对机械系统进行不同负载、速度、工作环境等多种工况条件下的性能评估,并根据评估情况对系统进行优化和改进。同时,仿真结果的可视化和动态演示有助于设计人员理解机械系统的运动状态和行为特性,提高设计效率和质量,更好地进行机械系统的设计、优化和控制。

针对不同的应用对象及分析目标,机械系统的仿真模型可以用于动力学、运动学和声学响应分析,通过不同的仿真软件进行建模和分析,如 SolidWorks、Ansys、HyperWorks、Adams、VA One 等。这些仿真软件具有丰富的功能,可用于机械系统的结构建模、工况计算、力学及声学分析等方面。

建立机械系统仿真模型通常包括以下几方面内容:

(1)结构建模。指将机械系统中的各个部件抽象成简单的刚体或弹性体,描述它们之间的空间布局和连接关系。

(2)力学分析。指在结构建模的基础上,引入机械系统的工况载荷,对机械系统的物理力学特性进行仿真分析,计算其运动、力、力矩等物理量。

(3)控制策略。指在机械系统仿真模型中加入控制策略,如 PID 控制、模糊控制、神经网络控制等,使仿真结果更准确。

3) 实验模型

实验模型是通过系统输入和输出实验数据,结合系统辨识方法识别系统模态参数的模型。系统模态参数包括固有频率、阻尼比和模态振型等。系统辨识是在对被识系统进行输入和输出观测的基础上,从设定的一类系统中确定出一个与被识系统等价的系统,系统辨识与系统分析是互逆的两种技术手段。

系统辨识的基本思想是:根据系统运行或实验测得数据,按照给定的"系统等价准则"从一群候选数学模型集合中确定一个与系统特性等价的数学模型。由于实际系统的机理往往是未知的,因此依据"系统等价准则"得到的模型多数只是实际系统模型的某种近似,并非准确的系统模型,辨识模型一般也称为系统的名义模型。用于衡量模型接近实际系统的标准通常表示为实际系统与模型误差的函数。误差可以是输出误差、输入误差、广义误差等。此外,还有一些其他准则,如最小方差准则、最大似然准则、预报误差准则等。

在系统辨识中采用的辨识算法方面,不同的辨识准则结合不同的优化方法可构成不同的辨识算法,如最小二乘法、极大似然法、预报预测法、神经网络法和模糊辨识法等。对于线性系统,可得到解析解;而对于非线性系统,由于辨识准则函数通常是关于参数的复杂非线性函数,一般无解析解,需要采用非线性优化的方法进行求解,如梯度下降法、遗传算法等优化算法。根据研究对象的不同要求,系统辨识可分为在线辨识和离线辨识。前者在系统运行过程中边测量边辨识,通常采用递推算法逐点进行辨识,不断用新测量数据修正估计值;后者称为事后处理,即先记录或存储实验时的所有(或一批)输入与输出数据待实验后统一处理。一般将数据分组,采用迭代法一组组地完成辨识。

系统辨识主要包括实验设计、模型结构辨识、模型参数辨识、模型验证四个方面。对于一个给定的系统,辨识步骤大致为:①根据辨识的目的,利用先验知识初步确定模型的结构,采集数据并进行适当处理;②进行模型结构和参数辨识;③通过验证得到最终的模型。一般来说,系统辨识不是一件简单的事情,而是需要多次重复实验直至达到辨识目的。具体分析步骤如图 2-1 所示。

2.2.1.2　应用现状

当前,机械系统建模已经广泛应用于各个领域,如机械设计、控制工程、机械制造、航空航天工程等,建模技术也逐渐成为机械工程师必备的技能之一。以下列举了不同研究领域机械系统模型的应用现状。

(1) 机械系统设计与优化。通过建立机械系统的数学模型或仿真模型,预测系统的运动状态和力学性能,通过结构优化提高系统性能和效率。例如,在汽车工业中,机械系统建模可以应用于发动机、传动系统、悬挂系统等部件的设计和优化。

(2) 机器人控制。通过建立机器人的数学模型,可以设计并优化其控制算法,以实现更精确、更快速、更稳定的机械运动。

(3) 制造过程优化。在数控加工、铸造、锻造等制造过程中,通过建立机械系统的数学

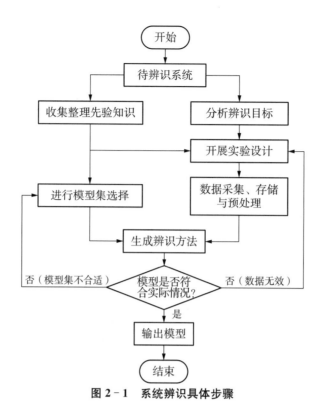

图 2 - 1　系统辨识具体步骤

模型,可以预测制造过程中的物理现象及变化,进而优化制造工艺参数,提高产品质量和生产效率。

(4) 航空航天工程。在飞行器设计中,机械系统建模可以应用于推进系统、控制系统、降落系统等部件的设计和优化,以提高飞行器的性能和安全性。

基于机械系统模型,可进行结构的模态分析、静力学分析和动力学分析,对于声学模型还可进行声学分析。模态分析是机械系统振动分析的一种方法,通过分析系统中的振动模态,预测系统的固有频率、振型等特性。机械系统中的运动学和动力学模型,其考虑因素包括速度、加速度、惯性、力、动量等变量特征。静力学模型主要关注机械系统的静态行为,考虑力的平衡、应力、变形等因素。声学模型用于噪声分布特征分析和声响应预测,为有效降噪提供支持。

2.2.2　建模原则及步骤

1) 建模原则

根据系统的功能需求、工作原理和物理特性,分析模型要素之间的各种影响及因果联系,筛选出对模型起真正作用的重要关系,找出对模型目标、模型要素和模型关系具有限制作用的各种局部性和整体性约束条件。一方面可以将复杂机械系统分解成多个层次,确定系统的组成部分和层次结构,并对每一层进行分解和建模;另一方面也可将系统分解成模块,并对每个模块进行建模。模块化建模可以加快系统分析和设计的速度、降低系统耦合度、增强可维护性。集成式建模可以帮助确定系统中的交互作用和优化全局性能。

具体遵循的原则如下：

（1）分离原则，系统中的实体在不同程度上都是相互关联的，但在系统分析中部分联系可以忽略。

（2）假设的合理性原则，模型都是在一定的假设条件下建立的，假设的合理性关系到系统模型的真实性。

（3）因果性原则，要求系统的输入和输出满足函数映射关系，这是数学模型的必要条件。

（4）输入量和输出量的可观测性、可选择性原则，对动态模型还应当保证适应性原则。

2）建模步骤

面对复杂机械系统，应明确问题的复杂背景、建模的目的和目标，寻求建模的方法和技巧，进而构建系统模型并进行结果分析。基于上述原则，归纳复杂机械系统建模的一般步骤如下：

步骤一：模型简化及参数准备。对于复杂系统，通常先定性地描述系统，将复杂且具体的系统原型进行抽象、简化，把反映问题本质属性的状态、量纲及其关系抽象出来，简化非本质因素，使模型摆脱原型的具体复杂形态。然而，必须确保简化后的模型对系统的关键特性有正确描述。同时，需要设定系统适当的外部条件和约束条件。最后，基于简化模型，计算所需要的模型待定参数。

步骤二：模型构建。在机械系统建模过程中，选择恰当的数学工具和建模方法，也可以采用系统仿真软件进行建模和分析。对每个组成部分分别建模，再将各个子系统模型整合起来形成整个系统的模型，建立刻画实际问题的复杂机械系统模型，并进行系统级别的分析和优化。

步骤三：结果分析。根据已知条件和数据，分析模型的特征和结构特点，设计或选择求解模型的数学方法和算法。然后，编写计算机程序或运算对应的算法软件包，借助计算机完成对模型的求解。为评估系统的性能和特征，对求解结果进行稳定性分析、系统参数的灵敏度分析或误差分析等。最后，利用实际测试结果来验证模型的准确性和有效性。若模型与实际系统存在差异，则需要进一步调整和改进。此外，由于复杂机械系统可能随着时间的推移而发生变化，需要对模型进行更新和维护，以确保模型的准确性和可靠性。

以上是复杂机械系统建模的一般步骤，其有助于建立准确、具有预测能力的机械系统模型，为系统分析、设计和优化提供支持。

2.3　基于 Prohl 传递矩阵法的地毯织机耦联轴系理论建模

耦联轴系作为簇绒地毯织机的核心部件，其运动学特性和动力学特性对织造质量和效率至关重要。复杂的簇绒地毯织机耦联轴系在高速运转时会产生弯曲扭转振动，影响纱线张力、织物张力和主轴转速的稳定性,导致织物质量下降和设备可靠性降低。为了改善系统性能和织物质量,对簇绒地毯织机耦联轴系的动态特性进行分析显得尤为重要。动态特性分析的首要步骤是对其轴系结构进行模型建立,确定其固有频率和模态振型等动力学特征参数。

本案例旨在建立簇绒地毯织机多跨、多支撑、多平行、高速耦联轴系的数学模型。对模型进行简化和参数确定,如轴系的支承刚度、轴承的径向变形和滚动负荷等,为数学模型构建及系统行为分析提供关键基础。基于 Prohl 传递矩阵法建立系统模型,求解簇绒地毯织机耦联轴系的固有频率、临界转速以及对应的振型。

2.3.1　模型简化及参数计算

簇绒地毯织机的耦联轴系结构如图 2-2 所示,包括主轴、簇绒针从动轴和簇绒钩从动轴,三轴相互平行。主轴与簇绒针从动轴以及簇绒钩从动轴通过多套连杆驱动机构相连接。伺服电机驱动带轮使主轴产生旋转,主轴运动引起曲柄摇杆机构运动,进而驱动簇绒针从动轴。然后,针从动轴通过偏置摇杆滑块机构驱使簇绒针针排上下往复,完成整个针连杆机构的运动。同理,簇绒钩从动轴及其连杆机构受主轴影响,实现簇绒钩针针排的运动。根据图 2-2 可知,针从动轴上的连杆机构呈等距对称分布,簇绒针和簇绒钩之间的摆杆同样等距分布,并且存在一定的相位差,使得它们彼此能够相互配合运动,完成织布动作。

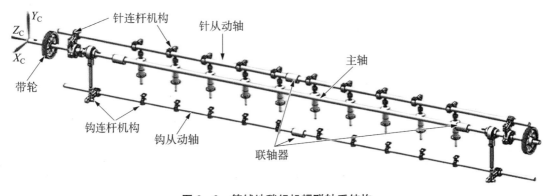

图 2-2　簇绒地毯织机耦联轴系结构

在使用传递矩阵法计算转子的临界转速和固有频率时,需要对转子进行简化处理。简化对象包括转子系统的质量、简化带轮、轴承及转子系统支撑方式。

1) 模型简化

簇绒地毯主轴系统结构复杂、边界条件多样,若通过求特征值来解得转子的临界转速和振型,计算量过于庞大,不易得到解析解。因此,在运用传递矩阵法计算前,需要对转子系统进行简化处理。简化簇绒地毯织机主轴系统模型应考虑:①所建模型能否反映簇绒地毯织机实际耦联轴系的结构和工作情况;②明确建模目的,即为了分析簇绒地毯织机主轴系的固有频率、临界转速以及振型等力学问题。

主轴是一根光滑细长轴,不存在惯性负载。根据 Prohl 传递矩阵法原理将主轴简化为无质量轴。簇绒地毯织机轴系上的联轴器属于刚性联轴器,作为整体轴处理,结构对称,直径跟主轴直径相当,可忽略转动惯量,简化为一个质量点。带轮本身是一个大轮盘,主轴为其对称轴,相对于主轴直径,其转动惯量不能忽略,故将带轮简化为一个没有长度的等效圆盘。在主轴系统运动过程中,针、钩连杆机构为主要运动机构,产生的惯性力和惯性力矩不能忽略。将簇绒针、钩连杆机构简化为没有宽度的等效圆盘。

针对转子支撑系统,转子支撑中的滚动轴承通常由轴承、油膜、轴、轴承座和基座组成,支撑系统主要包括油膜刚度和阻尼、轴承—轴承座的参振质量、轴承刚度以及基座的参振质量和基座刚度。大部分情况下支撑系统可简化为两部分,即油膜部分、轴承座及基座部分,如图 2-3 所示。图 2-3 中,k_p 为油膜刚度系数,M_b 与 k_b 分别为轴承座及基座的等效质量和等效静刚度系数。

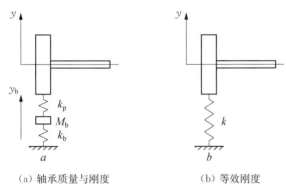

(a) 轴承质量与刚度　　　　(b) 等效刚度

图 2-3　各向同性支撑模型

由图 2-3 得出轴承及轴承座的等效质量的运动微分方程:

$$M_b \ddot{y}_b = k_p (y - y_b) - k_b y_b \tag{2-1}$$

通过解微分方程,并对其二次求导,将解代入上式,可得轴承等效支撑刚度系数为

$$k = \frac{k_p (k_b - M_b \omega^2)}{k_p + k_b - M_b \omega^2} \tag{2-2}$$

式中,ω 为转子涡动频率;k 为等效支撑刚度系数。该刚度系数综合反映了油膜、轴承及基座的动力特征,且与转子的转动角速度有关,式(2-2)也可简化为

$$\frac{1}{k} = \frac{1}{k_p} + \frac{1}{k_b} \tag{2-3}$$

通过上述对主轴系统的简化原则得到转子结构示意图,如图 2-4 所示。

2) 参数计算

在利用 Prohl 传递矩阵法进行数学模型建立时,需要将转子系统进行集总参数化,即

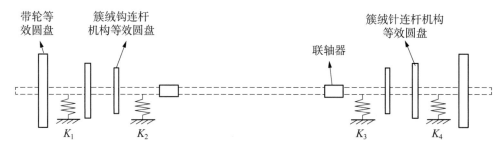

图 2-4 转子结构简化示意图

将转子系统集总化为具有 N 个圆盘和集中质量和 L 个弹性支撑的集总化模型,其中圆盘和集中质量以及弹性支撑用无质量的等截面轴段连接起来。为此,需要计算球轴承的径向变形、轴承的滚动负荷和簇绒机耦联轴系支撑刚度等参数。基于 Prohl 传递矩阵法,可将耦联轴系划分为 17 个节点,集总参数模型如图 2-5 所示。

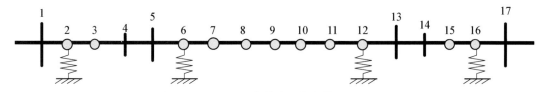

图 2-5 主轴集总参数模型

根据图 2-4 中主轴的简化结构可知,图 2-5 中节点 1、17 表示带轮等效轮盘,节点 4、14 表示簇绒针连杆等效圆盘,节点 5、13 表示簇绒钩连杆机构等效圆盘,节点 2 和节点 6 为左支撑轴承位置,节点 12 和节点 16 为右支撑轴承位置。

簇绒机耦联轴系支撑刚度的计算可以转化为对滚动轴承刚度的计算,在一般的近似计算方法中,一般假设支撑刚度为刚性的。滚动轴承的径向刚度是轴承内外圈在径向方向产生单位的相对弹性位移量所需的外加负荷,其刚度可以表示为

$$K = \frac{\mathrm{d}F_\mathrm{r}}{\mathrm{d}\delta} \tag{2-4}$$

式中,F_r 为轴承所受径向负荷;δ 为轴承内外圈在径向方向发生的弹性位移量。

然而,轴承的弹性位移量(即弹性变形)是以赫兹接触理论为基础的,对于点接触的球轴承在零间隙时轴承在外载荷作用下的径向变形为

$$\delta_\mathrm{r} = \frac{0.000\,44}{\cos\alpha}\left(\frac{Q_\mathrm{r}^2}{D_\mathrm{w}}\right)^{1/3} \tag{2-5}$$

式中,α 为接触角度;D_w 为滚动体直径;Q_r 为滚动体径向所受负荷。

对于纯径向位移的负荷条件下,考虑径向游隙影响时,轴承的滚动负荷近似为

$$Q_\mathrm{r} = \frac{5F_\mathrm{r}}{Z\cos\alpha} \tag{2-6}$$

式中，Z 为滚动体个数。

联立式（2-4）、式（2-5）和式（2-6），可得零间隙时轴承的径向刚度 K_b 为

$$K_b = 3.29 \times 10^4 Z (D_w \delta_r \cos^5 \alpha)^{1/2} \tag{2-7}$$

根据簇绒地毯织机耦联轴系的特点，将轴划分成段，通过计算每段重心受力，结合梁平衡条件得出各支撑处的支反作用力。主轴四个支撑分别在节点 2、6、12 和 16 上，由簇绒机主轴支撑点所在位置得出其力学模型如图 2-6 所示，假设支撑处阻尼为 0，则只存在弹性作用力。

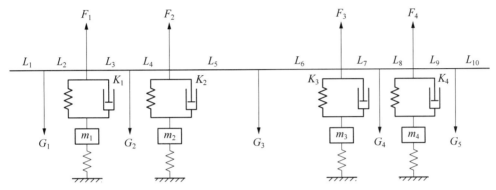

图 2-6　主轴力学模型

2.3.2　基于 Prohl 传递矩阵法的轴系建模

由图 2-5 可知，簇绒地毯织机的主轴被各节点分成了 18 个轴段，从左端起始段记为轴段 1，按顺序一直到右端末端为轴段 18。其中，每个轴段与相邻节点组成一个整体，各轴段两端的状态矢量有挠度、转角、弯矩和剪力，各轴段之间通过传递矩阵进行传递。

计算转子系统的传递矩阵可以将转子系统分为圆盘、轴段、集中质量（节点）和支撑等若干单元和部件，用达朗贝尔原理建立这些单元或部件两端截面状态变量之间的关系，再利用连续条件求得转子任意截面的状态变量与起始截面状态变量之间的关系。

1）无质量轴段传递矩阵

无质量轴段状态示意图如图 2-7 所示，α_i^L、M_i^L 和 Q_i^L 分别表示第 i 段无质量轴段左端截面转角、弯矩和剪力。x_i^R、α_i^R、M_i^R 和 Q_i^R 分别表示第 i 段无质量轴段右端挠度、截面转角、弯矩和剪力。第 i 轴段左右端的状态变量分别为

$$Z_i^L = \begin{bmatrix} X \\ \alpha \\ M \\ Q \end{bmatrix}_i^L , \quad Z_i^R = \begin{bmatrix} X \\ \alpha \\ M \\ Q \end{bmatrix}_i^R \tag{2-8}$$

式中，X、α、M、Q 分别表示轴段的挠度、截面转角、弯矩和剪力。

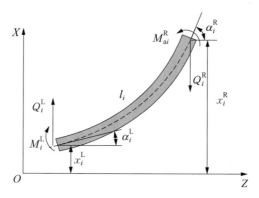

图 2 - 7 无质量轴段状态示意图

由材料力学梁的弯曲变形公式和位移关系可得

$$x_i^R = x_i^L + \alpha_i^L l_i + \frac{M_i^L}{2E_i I_i} l_i^2 - Q_i^R \left(\frac{l_i^3}{3E_i I_i} + \frac{k_s l_i}{G_i A_i} \right) \tag{2-9}$$

$$\alpha_i^R = \alpha_i^L + \frac{1}{E_i I_i} M_i^R l_i + \frac{1}{2E_i I_i} Q_i^L l_i^2 \tag{2-10}$$

$$M_i^R = M_i^L + Q_i^L l_i \tag{2-11}$$

$$Q_i^R = Q_i^L \tag{2-12}$$

式中，k_s 为截面形状系数。联立式(2-9)~式(2-12)可得

$$\begin{Bmatrix} x \\ \alpha \\ M \\ Q \end{Bmatrix}_i^R = \begin{bmatrix} 1 & l & \dfrac{l^2}{2EI} & \dfrac{l^3}{6EI}(1-\gamma) \\ 0 & 1 & \dfrac{l}{EI} & \dfrac{l^2}{2EI} \\ 0 & 0 & 1 & l \\ 0 & 0 & 0 & 1 \end{bmatrix}_i \begin{Bmatrix} x \\ \alpha \\ M \\ Q \end{Bmatrix}_i^L \tag{2-13}$$

式(2-13)简记为

$$Z_i^R = F_i Z_i^L \tag{2-14}$$

式中，F_i 为第 i 段左右两截面上状态变量的传递矩阵，可表示为

$$F_i = \begin{bmatrix} 1 & l & \dfrac{l^2}{2EI} & \dfrac{l^3}{6EI}(1-\gamma) \\ 0 & 1 & \dfrac{l}{EI} & \dfrac{l^2}{2EI} \\ 0 & 0 & 1 & l \\ 0 & 0 & 0 & 1 \end{bmatrix} \tag{2-15}$$

2) 圆盘、支撑传递矩阵

圆盘状态示意图如图 2-8 所示，x_i 和 α_i 分别为圆盘的铅垂方向线位移和角位移，M_i 和 Q_i 分别为第 i 个圆盘的弯矩和剪力，J_p 和 J_d 分别为圆盘的极转动惯量和直径转动惯量，Ω 和 ω 分别为转子自转角速度和公转（涡动）角速度，集中质量可以看成没有转动惯量的圆盘。分析可得，惯性力为 $m\omega^2 x_i$，惯性力矩为 $\left(J_d - J_p \dfrac{\Omega}{\omega}\right)\omega^2\alpha_i$。设在第 j 个节点上有弹性支撑，刚度为 k_j。

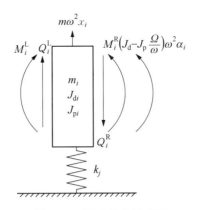

图 2-8　圆盘状态示意图

由达朗贝尔原理可得

$$\left.\begin{array}{l} m\omega^2 x_i + Q_i^{\text{L}} - k_j x_i - Q_i^{\text{R}} = 0 \\ M_i^{\text{L}} + \left(J_p - J_d \dfrac{\Omega}{\omega}\right)\omega^2\alpha_i - M_i^{\text{R}} = 0 \end{array}\right\} \tag{2-16}$$

又圆盘两侧位移相同，则有

$$\left.\begin{array}{l} \alpha_i^{\text{R}} = \alpha_i^{\text{L}} \\ x_i^{\text{R}} = x_i^{\text{L}} \end{array}\right\} \tag{2-17}$$

综合式（2-16）和式（2-17），可写成如下矩阵形式：

$$Z_i^{\text{R}} = P_i Z_i^{\text{L}} \tag{2-18}$$

式中，P_i 为传递矩阵，可表示为

$$P_i = \begin{bmatrix} 1 & 0 & 0 & 0 \\ 0 & 1 & 0 & 0 \\ 0 & \left(J_p - J_d \dfrac{\Omega}{\omega}\right)\omega^2 & 1 & 0 \\ m\omega^2 - k_j & 0 & 0 & 1 \end{bmatrix}_i \tag{2-19}$$

3）集中质量传递矩阵

集中质量状态参数示意图，如图 2 - 9 所示。图中 m_i 表示第 i 个集中质量的等效质量，其中 M_{mi}^{L}、Q_{mi}^{L} 分别表示第 i 个集中质量的左端截面弯矩和剪力。M_{mi}^{R}、Q_{mi}^{R} 分别表示第 i 个集中质量右端的弯矩和剪力。

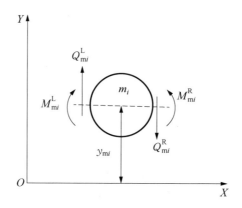

图 2 - 9　集中质量状态参数示意图

当系统以频率 ω 做简谐振动时，$\ddot{y} = -\omega^2 y_i$，第 i 个集中质量两侧满足下式：

$$\left.\begin{aligned}
y_{mi}^{R} &= y_{mi}^{L} \\
\theta_{mi}^{R} &= \theta_{mi}^{L} \\
M_{mi}^{R} &= M_{mi}^{L} \\
Q_{mi}^{R} &= Q_{mi}^{L} - m_{mi}\ddot{y} = Q_{mi}^{L} + m_{mi}\omega_{mi}^{2} y_{mi}
\end{aligned}\right\} \qquad (2-20)$$

由式（2-20）可得

$$\begin{Bmatrix} x \\ \alpha \\ M \\ Q \end{Bmatrix}_i^{R} = \begin{bmatrix} 1 & 0 & 0 & 0 \\ 0 & 1 & 0 & 0 \\ 0 & 1 & 1 & 0 \\ \omega^2 m_i & 0 & 0 & 1 \end{bmatrix}_i \begin{Bmatrix} x \\ \alpha \\ M \\ Q \end{Bmatrix}_i^{L} \qquad (2-21)$$

则第 i 个集中质量左右两侧的传递关系可简记为

$$Z_{mi}^{R} = H_i Z_{mi}^{L} \qquad (2-22)$$

其中

$$H_i = \begin{bmatrix} 1 & 0 & 0 & 0 \\ 0 & 1 & 0 & 0 \\ 0 & 0 & 1 & 0 \\ \omega^2 m_i & 0 & 0 & 1 \end{bmatrix} \qquad (2-23)$$

4）整体传递矩阵

由圆盘、弹性支撑的传递矩阵式（2-20）和集中质量传递矩阵式（2-23）可得第 i 个单元广义站左右两侧的截面状态变量的传递关系为

$$Z_i^R = H_i P_i Z_I^L = U_i Z_I^L \qquad (2-24)$$

则

$$
U_i = H_i P_i =
\begin{bmatrix}
1 & 0 & 0 & 0 \\
0 & 1 & 0 & 0 \\
0 & 0 & 1 & 0 \\
\omega^2 m_i & 0 & 0 & 1
\end{bmatrix}
\begin{bmatrix}
1 & 0 & 0 & 0 \\
0 & 1 & 0 & 0 \\
0 & \left(J_p - J_d \dfrac{\Omega}{\omega}\right)\omega^2 & 1 & 0 \\
m\omega^2 - k_j & 0 & 0 & 1
\end{bmatrix}_i
$$

$$
=
\begin{bmatrix}
1 & 0 & 0 & 0 \\
0 & 1 & 0 & 0 \\
0 & \left(J_p - J_d \dfrac{\Omega}{\omega}\right)\omega^2 & 1 & 0 \\
\omega^2 m_i + \omega^2 m - k_j & 0 & 0 & 1
\end{bmatrix}_i
\qquad (2-25)
$$

将广义站的传递矩阵式（2-24）和无质量轴段的传递矩阵式（2-25）组合，得到从第 i 个单元到第 $i+1$ 个单元的整体传递矩阵，即

$$
T_i = F_i U_i =
\begin{bmatrix}
1 & l & \dfrac{l^2}{2EI} & \dfrac{l^3}{6EI}(1-\gamma) \\
0 & 1 & \dfrac{l}{EI} & \dfrac{l^2}{2EI} \\
0 & 0 & 1 & l \\
0 & 0 & 0 & 1
\end{bmatrix}
\begin{bmatrix}
1 & 0 & 0 & 0 \\
0 & 1 & 0 & 0 \\
0 & \left(J_p - J_d \dfrac{\Omega}{\omega}\right)\omega^2 & 1 & 0 \\
\omega^2 m_i + \omega^2 m - k_j & 0 & 0 & 1
\end{bmatrix}_i
$$

$$
=
\begin{bmatrix}
1 + \dfrac{l^3}{6EI}(1-\gamma)(m\omega^2 - k_j) & l + \dfrac{l^2}{2EI}\left(\left(J_p - J_d \dfrac{\Omega}{\omega}\right)\omega^2\right) & \dfrac{l^2}{2EI} & \dfrac{l^3}{6EI}(1-\gamma) \\
\dfrac{l^2}{2EI}(m\omega^2 - k_j) & 1 + \dfrac{l}{EI}\left(J_p - J_d \dfrac{\Omega}{\omega}\right)\omega^2 & \dfrac{l}{EI} & \dfrac{l^2}{2EI} \\
l(m\omega^2 - k_j) & \left(J_p - J_d \dfrac{\Omega}{\omega}\right)\omega^2 & 1 & l \\
\omega^2 m_i + \omega^2 m - k_j & 0 & 0 & 1
\end{bmatrix}_i
$$

$$(2-26)$$

式中，T_i 为第 i 个单元的传递矩阵。传递矩阵中的元素与涡动频率有关，如该单元没有弹性支撑，或不计剪切变形的影响，或不计圆盘的转动惯性，则在式（2-26）中，可以分别令 k_j、γ、J_d 及 J_p 为零。

2.3.3 模态振型分析

采用 Prohl 传递矩阵法计算主轴的临界转速以及对应的振型。由图 2-5 的主轴集总参数模型可知,转子两端的边界条件为: $M_0 = 0$, $Q_0 = 0$, $M_{18} = 0$, $Q_{18} = 0$; 对应的状态参数为: $[X \ A \ 0 \ 0]_0^T$, $[X \ A \ 0 \ 0]_{18}^T$。 主轴最右端的截面状态参数为

$$
\begin{Bmatrix} X \\ A \\ M \\ Q \end{Bmatrix}_{18} = T_{18} T_{17} \cdots T_2 T_1 Z_0 = \begin{bmatrix} a_{11} & a_{12} & a_{13} & a_{14} \\ a_{21} & a_{22} & a_{23} & a_{24} \\ a_{31} & a_{32} & a_{33} & a_{34} \\ a_{41} & a_{42} & a_{43} & a_{44} \end{bmatrix}_{18} \begin{Bmatrix} X \\ A \\ 0 \\ 0 \end{Bmatrix}_0 = \begin{bmatrix} a_{11} & a_{12} \\ a_{21} & a_{22} \\ a_{31} & a_{32} \\ a_{41} & a_{42} \end{bmatrix}_{18} \begin{Bmatrix} X \\ A \end{Bmatrix}_0
$$

$$(2-27)$$

则由上式可得

$$
\left. \begin{aligned} M_{18} &= a_{31} X_0 + a_{32} A_0 \\ Q_{18} &= a_{41} X_0 + a_{42} A_0 \end{aligned} \right\}
$$

$$(2-28)$$

又根据转子右端的边界条件可知,式(2-28)有非零解的充要条件为

$$
\Delta(\omega^2) = \begin{vmatrix} a_{31} & a_{32} \\ a_{41} & a_{42} \end{vmatrix}_{18} = 0
$$

$$(2-29)$$

式(2-29)即为转子临界转速的方程式。利用上述方法,在 $0 \sim 1000 \, \text{rad/s}$ 的范围内,采用 $\Delta \omega = 0.1 \, \text{rad/s}$ 的频率试算步长对簇绒地毯织机耦联轴系进行分析,再由二分法搜索,即可求得簇绒地毯织机主轴各阶的临界转速。由固有频率和临界转速的关系式 $\omega = 2\pi f$ 可得对应的固有频率值。簇绒地毯织机耦联轴系的前三阶临界转速分别为 $58.4 \, \text{rad/s}$、$158.1 \, \text{rad/s}$、$281.4 \, \text{rad/s}$,对应的固有频率为 $9.29 \, \text{Hz}$、$25.16 \, \text{Hz}$、$44.79 \, \text{Hz}$。该型号簇绒地毯织机主轴的额定工作转速为 $600 \, \text{r/min}$,而主轴的一阶临界转速为 $557.7 \, \text{r/min}$。因此,簇绒织机运行时应尽量避免在该转速下工作,以免引起共振。

通过采用 Prohl 传递矩阵法求得簇绒地毯织机耦联轴系的临界转速后,由式(2-24)可以解得

$$
\mu = A_0 / X_0
$$

$$(2-30)$$

将上式代入式(2-23),可得各截面状态矢量的比例解,得出各截面位移 $X_i (i = 1, 2, \cdots, 18)$ 的比例解,即对应的临界转速的振型。因此,前二阶临界转速对应的归一化振型如图 2-10 所示。

由图 2-10 可知,簇绒织机主轴振型表现在 xy 平面内的弯曲振动是其主要的动态特性,轴系发生共振时其中部是最危险的区域。

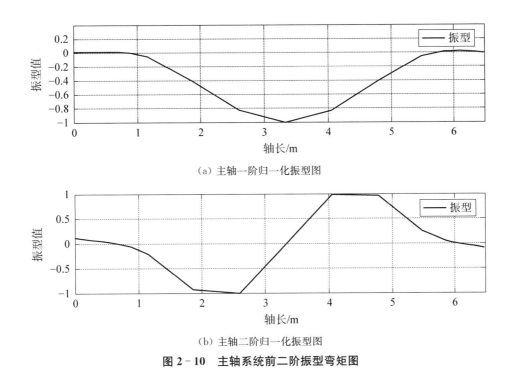

（a）主轴一阶归一化振型图

（b）主轴二阶归一化振型图

图 2 – 10　主轴系统前二阶振型弯矩图

2.4　基于 Burger 四元件模型的簇绒纱线束理论建模

在簇绒地毯织机高速织造过程中,纱线振动易引起其张力变化,使得地毯毯面产生疏密不均、高低不平的问题,从而影响产品织造精度,降低织物质量等级。此外,纱线振动还会使得纱线束间相互摩擦,降低纱线的断裂强度,引起断纱而影响地毯织造。因此,对高速运动的簇绒地毯纱线的振动特性分析则显得尤为重要。为了进行地毯纱的振动特性分析和动态张力控制等方面的研究,纱线束的黏弹性力学模型构建及特性分析是必要的理论基础。

簇绒地毯纱是由很多长丝组成的弱捻高旦纱,具有高强力、高弹性模量且高弹性回复率等特点。在簇绒地毯织造过程中,纱线束兼具弹性固体及黏性流体的变形特性,低频下的蠕变特性对地毯的工艺指标和织造精度影响较大。基于上述纱线束特征,对簇绒地毯织机进行简化建模及纱线路径划分,建立纱线束的动力学模型及横向动态振动方程,获取纱线束振动特性。

2.4.1　纱线束路径规划

簇绒地毯织机通过改变提花轮的速度来控制纱线束的张力,改变张力能够控制纱线束喂入量,从而生产不同绒高的地毯。运动过程中,纱线束在每两个部件之间生成的张力值和长度值不尽相同,对应的纱线振动状态也会随之发生变化。将纱线的传递路径划分为 10 个张力值阶段,分别是 $T_1 \sim T_{10}$,如图 2 – 11 所示。

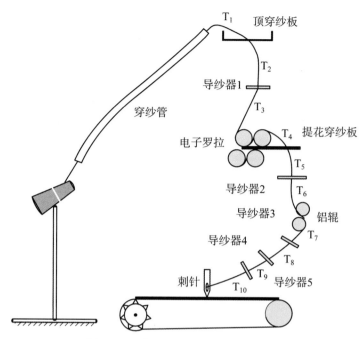

图 2-11   簇绒地毯织机纱线束路径图

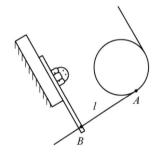

图 2-12   经过铝辊的纱线束

取纱线束的 T_7 阶段进行研究，此阶段的纱线束已经经过提花轮控速区以及铝辊等重要机件。如图 2-12 所示，纱线束首先从提花轮绕出来，然后穿过一个穿纱板，接着传递到铝辊。图 2-12 中 AB 段长度为 l 的纱线束为主要研究对象。AB 段纱线束受到提花轮和铝辊的带动作用，其张力、振动特性比其他区域更稳定。为了便于分析纱线束的振动特性，特别分析此阶段的纱线束振动特性。

2.4.2   簇绒地毯纱线束力学模型构建

1）纱线束几何模型

基于运动纱线束的传递路径，选取 T_7 段纱线束作为主要研究对象，取纱线束路径中长度为 dx 微元模型段进行分析。为简化被分析的模型，针对模型做以下假设说明：①纱线束横截面为圆形；②不考虑黏弹性纱线束的剪切以及弯曲刚度影响；③纱线束受线性外阻尼影响；④纱线束的材料分布均匀。

设纱线束的密度为 ρ，初始纱线束受到的张力为 F，轴向连续运动的速度为 v，单根纱线束横截面积为 A，纱线束变形后长度为 ds。微段纱线束运动示意图如图 2-13 所示，横向位移和纵向位移分别为 $u(x,t)$ 和 $h(x,t)$，则微段纱线束的质量可以表示为 $dm = \rho A\, dx$。

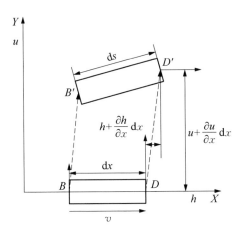

图 2-13　微段纱线束运动过程示意图

纱线束的几何模型与其应力应变存在关系,需要对纱线束的应变进行分析。首先,选取纱线束路径当中 T_7 一段的微段纱线束进行建模分析,设置微段纱线束的两个端点分别为 B、D。 纱线束在运动过程中受到横向力和轴向力的作用,会发生位移和变形。此时,设置纱线束的两个端点为 B'、D'。 考虑无论是受力前还是受力后,纱线束的横截面始终和轴向存在垂直关系。纱线束的横向位移和纵向位移分别设置为 $u(x,t)$ 和 $h(x,t)$。符号 i、j 分别表示沿坐标轴的单位矢量。

B 点变形前后的位移表示为

$$\Delta B = h(x,t)i + u(x,t)j \tag{2-31}$$

D 点变形前后的位移表示为

$$\Delta D = \left(h + \frac{\partial h}{\partial x}\mathrm{d}x\right)i + \left(u + \frac{\partial u}{\partial x}\mathrm{d}x\right)j \tag{2-32}$$

由图 2-13 可知,存在以下矢量关系:

$$\overrightarrow{BB'} + \overrightarrow{B'D'} = \overrightarrow{BD} + \overrightarrow{DD'} \tag{2-33}$$

对上式化简得

$$\Delta B + \Delta B'D' = \Delta D + \mathrm{d}x \cdot i \tag{2-34}$$

式中,$\Delta B'D'$ 为位移向量。因此,纱线束受力作用变形后的长度 $\Delta B'D'$ 为

$$|\Delta B'D'| = \mathrm{d}s = \left[\left(1 + \frac{\partial h}{\partial x}\right)^2 + \left(\frac{\partial u}{\partial x}\right)^2\right]^{\frac{1}{2}}\mathrm{d}x \tag{2-35}$$

根据以上式子,可以得到纱线束所产生的应变为

$$\varepsilon = \frac{\mathrm{d}s - \mathrm{d}x}{\mathrm{d}x} = \left[\left(1 + \frac{\partial h}{\partial x}\right)^2 + \left(\frac{\partial u}{\partial x}\right)^2\right]^{\frac{1}{2}} - 1 \tag{2-36}$$

对式(2-36)进行泰勒展开化简后,得到

$$\left(1+\frac{\partial h}{\partial x}\right)^2+\left(\frac{\partial u}{\partial x}\right)^2=(\varepsilon+1)^2=\varepsilon^2+2\varepsilon+1 \tag{2-37}$$

略去二阶小项 ε^2，略去展开式中的二阶项以及二阶以上的小项，为了得到纱线束横向振动的应变关系，忽略轴向几何关系项 $\frac{\partial h}{\partial x}$。可得纱线束的几何方程为

$$\varepsilon=\frac{1}{2}\left(\frac{\partial u}{\partial x}\right)^2 \tag{2-38}$$

2）纱线束运动模型

考虑纱线束所受阻尼为线性的，单元体的运动纱线束线性阻尼系数设置为 c，其线性阻尼力和纱线束任何一处的速度存在正比例关系。纱线束横向切开的截面积为 A，运动方向为 x 正方向。研究处于铝辊和提花轮之间的纱线束，取长度为 l。对微段纱线束进行横向和轴向的力学分析，微段纱线束在 X 方向和 Y 方向受到的阻尼力分别为 $cA\mathrm{d}x\dfrac{\mathrm{d}x}{\mathrm{d}t}$ 和 $cA\mathrm{d}x\dfrac{\mathrm{d}y}{\mathrm{d}t}$，纱线束受力如图 2-14 所示。

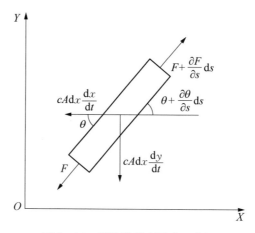

图 2-14 微段纱线束受力示意图

纱线束在运动过程中会受到轴向张力 F 的作用，长度为 $\mathrm{d}x$ 的微段纱线束变为 $\mathrm{d}s$，在两个端面纱线束受到的张力分别为 F 和 $F+\dfrac{\partial F}{\partial s}\mathrm{d}s$。

根据纱线束不同方向所受的平衡力，使用第二牛顿定理分析纱线束受力情况，得到运动方程为

$$\left.\begin{array}{l}\left(F+\dfrac{\partial F}{\partial s}\mathrm{d}s\right)\cos\left(\theta+\dfrac{\partial\theta}{\partial s}\mathrm{d}s\right)-F\cos\theta-cA\mathrm{d}x\,\dfrac{\mathrm{d}x}{\mathrm{d}t}=\rho A\mathrm{d}x\,\dfrac{\mathrm{d}^2x}{\mathrm{d}t^2}\\[4mm]\left(F+\dfrac{\partial F}{\partial s}\mathrm{d}s\right)\sin\left(\theta+\dfrac{\partial\theta}{\partial s}\mathrm{d}s\right)-F\sin\theta-cA\mathrm{d}x\,\dfrac{\mathrm{d}y}{\mathrm{d}t}=\rho A\mathrm{d}x\,\dfrac{\mathrm{d}^2y}{\mathrm{d}t^2}\end{array}\right\} \tag{2-39}$$

由于纱线束一直处于运动状态,除了使用一个绝对坐标系,需要增加一个相对坐标系。相对坐标系是根据纱线束的轴向和横向来设置的,该坐标系的原点为纱线束的中心点所在位置,两个方向分别是纱线束研究单元的轴向和横向,位移变量分别设为 $h(x, t)$ 和 $u(x, t)$。绝对坐标系则是设置纱线束研究单元的位置为坐标系原点,纱线束初始的轴向为该坐标系的横向 x 方向,垂直于纱线束的方向为该坐标系的 y 方向。为了方便分析纱线束的变形以及位移,本模型建立了两个坐标系。微段纱线束的夹角与位移关系如图 2-15 所示。

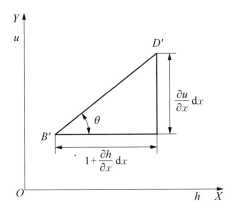

图 2-15　微段纱线束的夹角与位移关系图

当微段纱线束夹角 θ 很小时,$\sin\theta \approx \theta$,$\cos\theta \approx 1 - \dfrac{1}{2}\theta^2$,当变形较小时:

$$\sin\theta = \frac{\dfrac{\partial u}{\partial x}\mathrm{d}x}{\sqrt{\left(1+\dfrac{\partial h}{\partial x}\right)^2+\left(\dfrac{\partial u}{\partial x}\right)^2}\,\mathrm{d}x} = \frac{\dfrac{\partial u}{\partial x}}{\sqrt{1+2\dfrac{\partial h}{\partial x}+\left(\dfrac{\partial h}{\partial x}\right)^2+\left(\dfrac{\partial u}{\partial x}\right)^2}} \qquad (2-40)$$

令式(2-40)中的 $2\dfrac{\partial h}{\partial x}+\left(\dfrac{\partial h}{\partial x}\right)^2+\left(\dfrac{\partial u}{\partial x}\right)^2 = Z$,式(2-40)的分母根据二项式展开可以得到

$$\frac{1}{\sqrt{1+2\dfrac{\partial h}{\partial x}+\left(\dfrac{\partial h}{\partial x}\right)^2+\left(\dfrac{\partial u}{\partial x}\right)^2}} = (1+Z)^{-\frac{1}{2}} = 1-\frac{1}{2}Z+\frac{3}{8}Z^2-\frac{5}{48}Z^3+\cdots$$

$$(2-41)$$

当小变形时,Z 很小,可得

$$\frac{1}{\sqrt{1+2\dfrac{\partial h}{\partial x}+\left(\dfrac{\partial h}{\partial x}\right)^2+\left(\dfrac{\partial u}{\partial x}\right)^2}} = (1+Z)^{-\frac{1}{2}} = 1 \qquad (2-42)$$

根据式(2-41)和式(2-42)可得

$$\sin\theta \approx \theta \approx \frac{\partial u}{\partial x} \tag{2-43}$$

由于纱线束以轴向运动速度 v 运动，其在发生振动时，纱线束上某点 X 方向的速度和加速度分别为

$$\left. \begin{aligned} \frac{\mathrm{d}x}{\mathrm{d}t} &= v + \frac{\partial h}{\partial x}v + \frac{\partial h}{\partial t} \\ \frac{\mathrm{d}^2 x}{\mathrm{d}t^2} &= v^2 \frac{\partial^2 h}{\partial x^2} + 2v\frac{\partial^2 h}{\partial x \partial t} + \frac{\partial^2 h}{\partial t^2} \end{aligned} \right\} \tag{2-44}$$

同理，Y 方向的速度和加速度分别为

$$\left. \begin{aligned} \frac{\mathrm{d}y}{\mathrm{d}t} &= \frac{\partial u}{\partial x}v + \frac{\partial u}{\partial t} \\ \frac{\mathrm{d}^2 y}{\mathrm{d}t^2} &= v^2 \frac{\partial^2 u}{\partial x^2} + 2v\frac{\partial^2 u}{\partial x \partial t} + \frac{\partial^2 u}{\partial t^2} \end{aligned} \right\} \tag{2-45}$$

将式(2-44)和式(2-45)代入方程(2-39)，可以分别得到运动的纱线束沿轴向运动的方程(2-46)和沿横向运动的方程(2-47)：

$$\rho\left(v^2\frac{\partial^2 h}{\partial x^2} + 2v\frac{\partial^2 h}{\partial x \partial t} + \frac{\partial^2 h}{\partial t^2}\right)$$
$$= \frac{\partial \sigma}{\partial x} - \left(\frac{F}{A} + \sigma\right)\frac{\partial u}{\partial x}\frac{\partial^2 u}{\partial x^2} - \frac{1}{2}\left(\frac{\partial u}{\partial x}\right)^2\frac{\partial \sigma}{\partial x} - c\left(v + \frac{\partial h}{\partial x}v + \frac{\partial h}{\partial t}\right) \tag{2-46}$$

$$\left(\rho v^2 - \frac{F}{A}\right)\frac{\partial^2 u}{\partial x^2} + 2\rho v\frac{\partial^2 u}{\partial x \partial t} + \rho\frac{\partial^2 u}{\partial t^2} = \frac{\partial u}{\partial x}\frac{\partial \sigma}{\partial x} + \sigma\frac{\partial^2 u}{\partial x^2} - c\left(\frac{\partial u}{\partial x}v + \frac{\partial u}{\partial t}\right) \tag{2-47}$$

轴向运动的纱线束在轴向和横向均受到力的作用，存在振动现象，且这两个方向的振动会发生耦合。若同时考虑两个方向的振动，分析过程会过于复杂。结合实际情况，纱线束的横向振动对簇绒地毯机的簇绒质量以及噪声更加明显，且振动幅值也大于轴向运动。因此，重点研究纱线束沿着横向连续振动的频率和幅值特性。

3) 纱线束振动方程

采用 Burger 四元件模型作为黏弹性本构模型，建立纱线束的横向振动方程。将纱线束的几何关系式(2-38)代入横向运动方程(2-47)，得到纱线束的横向动态振动方程

$$\left(\rho v^2 - \frac{F}{A}\right)\left[\frac{\eta_1\eta_2}{E_1 E_2}\frac{\partial^4 u}{\partial x^2 \partial t^2} + \left(\frac{\eta_1+\eta_2}{E_1}+\frac{\eta_2}{E_2}\right)\frac{\partial^3 u}{\partial x^2 \partial t} + \frac{\partial^2 u}{\partial x^2}\right] + 2\rho v\left[\frac{\eta_1\eta_2}{E_1 E_2}\frac{\partial^4 u}{\partial x \partial t^3} + \right.$$

$$\left(\frac{\eta_1+\eta_2}{E_1}+\frac{\eta_2}{E_2}\right)\frac{\partial^3 u}{\partial x \partial t^2} + \frac{\partial^2 u}{\partial x \partial t}\right] + \rho\left[\frac{\eta_1\eta_2}{E_1 E_2}\frac{\partial^4 u}{\partial t^4} + \left(\frac{\eta_1+\eta_2}{E_1}+\frac{\eta_2}{E_2}\right)\frac{\partial^3 u}{\partial t^3} + \frac{\partial^2 u}{\partial t^2}\right] =$$

$$\frac{\eta_1\eta_2}{E_1}\left[\frac{\partial^2 u}{\partial x^2}\left(\frac{\partial^2 u}{\partial x \partial t}\right)^2 + 2\frac{\partial u}{\partial x}\frac{\partial^2 u}{\partial x^2}\frac{\partial^3 u}{\partial x \partial t^2} + 2\frac{\partial u}{\partial x}\frac{\partial^2 u}{\partial x \partial t}\frac{\partial^3 u}{\partial x^2 \partial t} + \left(\frac{\partial u}{\partial x}\right)^2\frac{\partial^4 u}{\partial x^2 \partial t^2}\right] +$$

$$\eta_2\left[2\frac{\partial u}{\partial x}\frac{\partial^2 u}{\partial x^2}\frac{\partial^2 u}{\partial x\partial t}+\left(\frac{\partial u}{\partial x}\right)^2\frac{\partial^3 u}{\partial x^2\partial t}\right]-c\left[\left(\frac{\partial u}{\partial x}v+\frac{\partial u}{\partial t}\right)+\left(\frac{\eta_1+\eta_2}{E_1}+\frac{\eta_2}{E_2}\right)\left(\frac{\partial^2 u}{\partial x\partial t}v+\frac{\partial^2 u}{\partial t^2}\right)+\right.$$

$$\left.\frac{\eta_1\eta_2}{E_1 E_2}\left(\frac{\partial^3 u}{\partial x\partial t^2}v+\frac{\partial^3 u}{\partial t^3}\right)\right]$$

$$(2-48)$$

2.4.3　张力特性分析

张力是一个重要的纱线束振动特性参数,对地毯质量和工作环境噪声有着重要影响。过大的张力容易导致纱线束受到强作用力,引发性能失效,产生停机痕及断头现象;过小的张力则会导致纱线束工作路径增长,容易出现打滑现象,进而产生地毯圈绒高度不均等问题。因此,分析研究纱线束的振动特性时,必须重视张力这一个关键参数。

本案例采用 Burger 四元件方程对丙纶网络纱进行振动特性分析,以研究纱线束张力变化对其动态振动特性的影响。通过将张力参数代入振动方程(2-48)并应用快速傅里叶变换(fast Fourier transform,FFT),得到丙纶网络纱线束的幅频特性。在纱线束的工作路径中,通常将纱线束的张力控制在 0.12~0.2 N 的范围内。该实验设定纱线束的张力分别为 0.2 N、0.6 N 和 1 N,数值仿真结果如图 2-16~图 2-18 所示。

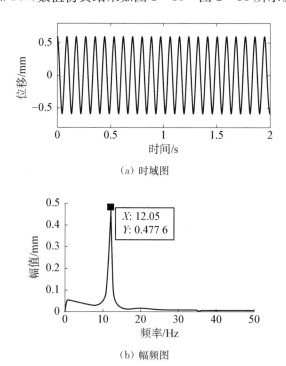

（a）时域图

（b）幅频图

图 2-16　丙纶网络纱 $F=0.2\,\mathrm{N}$ 振动特性仿真图

在设定纱线束的张力值为 0.2 N、0.6 N 和 1 N 时,仿真结果显示纱线束的振动频率分别为 12.05 Hz、19.3 Hz 和 25.86 Hz,振动幅值分别为 0.477 6 mm、0.186 6 mm 和 0.081 1 mm。

结果表明，随着纱线束张力的增大，纱线的振动频率逐渐增加，而振动幅值逐渐减小。因此，纱线束在工作状态下的振动特性明显受到张力变化的影响。为了减小纱线束在工作状态下的振动频率和振动幅值，必须合理控制提花轮的转速，以实现对纱线束张力的合理调控。

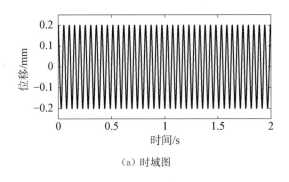

（a）时域图

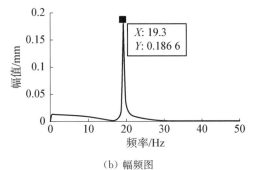

（b）幅频图

图 2-17 丙纶网络纱 $F=0.6\,N$ 振动特性仿真图

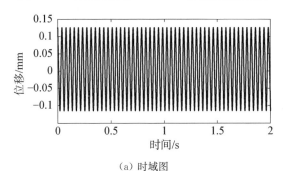

（a）时域图

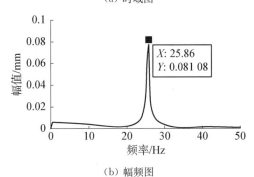

（b）幅频图

图 2-18 丙纶网络纱 $F=1\,N$ 振动特性仿真图

2.5 基于阻抗/导纳-矩阵传递法的柔性耦合隔振系统理论建模

随着舰船向高速、大型化方向的发展,舰船及其设备的振动问题已经成为科学家和工程师热衷研究的课题。基础的非刚性作为影响舰船隔振效果的一项重要因素,一直是人们关心和研究的热点。为了采取有效的控制措施降低结构振动由振源向基础结构的传递,以及抑制基础本身的弹性对机械振动的动力放大作用,必须对机器与基础耦合振动的特性进行深入研究。为实现对耦合振动特性及其抑制的研究,复杂柔性隔振系统模型构建及其特性分析是研究的理论基础。

本案例以舰用复杂柔性耦合隔振系统为研究对象,将阻抗和导纳的综合表达形式引入矩阵传递法中,建立了包括被隔离设备、电磁式主被动隔振单元和弹性基础在内的复杂弹性耦合系统的多输入—多输出动态耦合振动传递模型,可充分考虑基座的非刚性特征,进行系统的固有特性和响应分析。

2.5.1 模型简化

舰船复杂耦合隔振系统如图 2-19 所示,一般由激励源、主被动一体隔振器单元和柔性基础三个部分组成,并采用有限的结点相连接。图 2-19 中,X、Y、Z 分别代表坐标轴方向,标号①、②、③、④分别表示四个主被动一体隔振器。机械设备被看作为刚体,主被动一体隔振器简化为阻尼、刚度以及主动控制单元相并联的形式,柔性基础采用四端简支板进行模拟。针对图 2-19 所示复杂耦合隔振系统模型,进行隔振系统建模的研究。

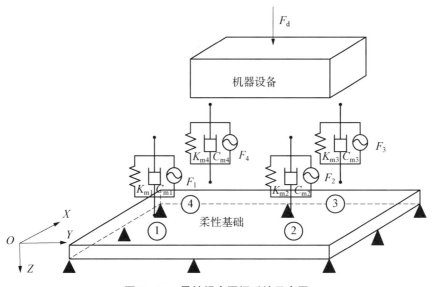

图 2-19 柔性耦合隔振系统示意图

2.5.2　柔性耦合隔振系统数学模型构建

采用阻抗/导纳-矩阵传递法对隔振系统进行建模,系统受力分析如图2-20所示。图 2-20中,下标s、m、b分别代表激励源、隔振器以及基础。F_d代表作用在机械设备上的外扰动力,N_{zsj}、$\dot{w}_{zsj}$($j=1,2,3,4$)分别代表第j个主被动一体隔振器在激励源连接点处产生的作用力和速度。N_{zbj}、$\dot{w}_{zbj}$($j=1,2,3,4$)和N_{zmij}、$\dot{w}_{zmij}$($i=1,2;j=1,2,3,4$)分别代表第j个主被动一体隔振器在柔性基础连接点处产生的力和速度,以及隔振器本身在i处产生的作用力和速度。K_{mj}、C_{mj}、F_j($j=1,2,3,4$)分别代表第j个被动隔振器刚度、阻尼和主动隔振器产生的控制力。

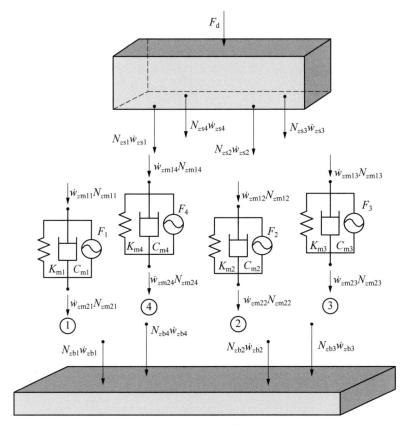

图 2-20　柔性耦合隔振系统的受力分析图

接下来分别对激励源、隔振器单元和柔性基础单独进行分析与建模。

1)隔振设备的动态建模

图2-21所示为隔振设备的动态分析图,O_G代表机器设备的重心,N_{zG}、M_{xG}和M_{yG}分别为隔振设备在重心处所受到的Z向力,以及绕X、Y轴的力矩,$\dot{w}_{zG}$、$\dot{\theta}_{xG}$、$\dot{\theta}_{yG}$分别为相应的位移和转角。l_1、l_2、l_3表示刚性设备的尺寸,l_{yj}、l_{yj}($j=1,2,3,4$)分别为各个隔振器在Y方向以及X方向上与刚性设备边缘的距离。假定各个隔振器在Y方向以及

X 方向上与刚性设备边缘的距离相等，即 $l_{yj}=l_y$，$l_{xj}=l_x$。

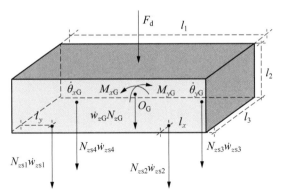

图 2 - 21　隔振设备受力分析图

将机器与隔振器连接点处的受力和速度简化到机器重心，可得到下式：

$$v_s = V_s \cdot v_G = \begin{bmatrix} \dot{w}_{zs1} & \dot{w}_{zs2} & \dot{w}_{zs3} & \dot{w}_{zs4} \end{bmatrix}^T \qquad (2-49)$$

$$f_G = F_s \cdot f_s = \begin{bmatrix} N_{zG} & M_{xG} & M_{yG} \end{bmatrix}^T \qquad (2-50)$$

其中

$$F_s = \begin{bmatrix} 1 & 1 & 1 & 1 \\ \dfrac{l_1}{2}-l_y & -\dfrac{l_1}{2}+l_y & -\dfrac{l_1}{2}+l_y & \dfrac{l_1}{2}-l_y \\ -\dfrac{l_3}{2}+l_x & -\dfrac{l_3}{2}+l_x & \dfrac{l_3}{2}-l_x & \dfrac{l_3}{2}-l_x \end{bmatrix}$$

$$V_s = \begin{bmatrix} 1 & 1 & 1 & 1 \\ \dfrac{l_1}{2}-l_y & -\dfrac{l_1}{2}+l_y & -\dfrac{l_1}{2}+l_y & \dfrac{l_1}{2}-l_y \\ -\dfrac{l_3}{2}+l_x & -\dfrac{l_3}{2}+l_x & \dfrac{l_3}{2}-l_x & \dfrac{l_3}{2}-l_x \end{bmatrix}^T$$

$$f_s = \begin{bmatrix} N_{zs1} & N_{zs2} & N_{zs3} & N_{zs4} \end{bmatrix}^T,\quad v_G = \begin{bmatrix} \dot{w}_{zG} & \dot{\theta}_{xG} & \dot{\theta}_{yG} \end{bmatrix}^T$$

式中，v_s、f_s 分别为激励源速度向量和力向量；v_G、f_G 分别为机械设备重心处的速度向量和力向量。

当机器设备上作用外力 F_d 时，由牛顿第二定律可得

$$f_G = H_G v_G + L_G q_p \qquad (2-51)$$

式中，$H_G = \begin{bmatrix} j\omega m & 0 & 0 \\ 0 & j\omega I_x & 0 \\ 0 & 0 & j\omega I_y \end{bmatrix}$；$L_G = \begin{bmatrix} -1 & 0 & 0 \end{bmatrix}^T$；$m$ 为机器设备的质量；I_x、I_y 分别为机器设备绕 X 轴、Y 轴的转动惯量；q_p 为机器设备上作用扰动力向量，这里 $q_p = F_d$。

对机械设备采用导纳矩阵法进行分析,可得到机械设备的动态表达式如下:

$$v_s = M_{s1}f_s + M_{s2}q_p \tag{2-52}$$

式中,$M_{s1} = V_s H_G^{-1} F_s$;$M_{s2} = V_s H_G^{-1} L_G$。

2) 隔振器动态建模

图 2 - 22 为主被动一体隔振器的受力分析图,主被动一体隔振器被简化为阻尼、刚度和主动控制单元相并联的形式。应用阻抗方法对隔振器进行分析,可得到主被动一体隔振器的动态表达式:

$$f_m = Z_{m1}v_m + Z_{m2}q_c \tag{2-53}$$

$$Z_{m1} = \begin{bmatrix} Z_{11} & 0 & 0 & 0 & Z_{21} & 0 & 0 & 0 \\ 0 & Z_{12} & 0 & 0 & 0 & Z_{22} & 0 & 0 \\ 0 & 0 & Z_{13} & 0 & 0 & 0 & Z_{23} & 0 \\ 0 & 0 & 0 & Z_{14} & 0 & 0 & 0 & Z_{24} \\ Z_{21} & 0 & 0 & 0 & Z_{11} & 0 & 0 & 0 \\ 0 & Z_{22} & 0 & 0 & 0 & Z_{12} & 0 & 0 \\ 0 & 0 & Z_{23} & 0 & 0 & 0 & Z_{13} & 0 \\ 0 & 0 & 0 & Z_{24} & 0 & 0 & 0 & Z_{14} \end{bmatrix} \tag{2-54}$$

$$Z_{m2} = \begin{bmatrix} -1 & 0 & 0 & 0 \\ 0 & -1 & 0 & 0 \\ 0 & 0 & -1 & 0 \\ 0 & 0 & 0 & -1 \\ 1 & 0 & 0 & 0 \\ 0 & 1 & 0 & 0 \\ 0 & 0 & 1 & 0 \\ 0 & 0 & 0 & 1 \end{bmatrix} \tag{2-55}$$

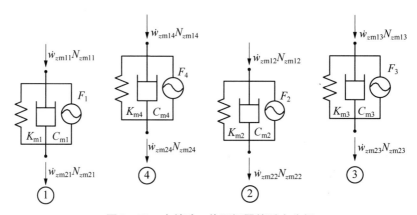

图 2 - 22　主被动一体隔振器的受力分析

式中，v_m、f_m 分别为隔振器速度向量和力向量；q_c 为作动器在其两端产生的主动控制力向量，其具体表达式如下：

$$v_m = \begin{bmatrix} \dot{w}_{zm11} & \dot{w}_{zm12} & \dot{w}_{zm13} & \dot{w}_{zm14} & \dot{w}_{zm21} & \dot{w}_{zm22} & \dot{w}_{zm23} & \dot{w}_{zm24} \end{bmatrix}^T \quad (2-56)$$

$$f_m = \begin{bmatrix} N_{zm11} & N_{zm12} & N_{zm13} & N_{zm14} & N_{zm21} & N_{zm22} & N_{zm23} & N_{zm24} \end{bmatrix}^T \quad (2-57)$$

$$q_c = \begin{bmatrix} F_1 & F_2 & F_3 & F_4 \end{bmatrix}^T \quad (2-58)$$

3）柔性基础动态建模

图 2-23 所示为柔性基础的受力分析图，采用导纳方法对柔性基础板进行分析，可得基础的动态表达式如下：

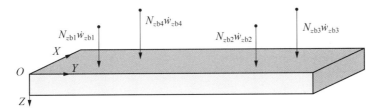

图 2-23　柔性基础的受力分析

$$v_r = M_r f_r \quad (2-59)$$

式中，v_r、f_r 分别表示柔性基础速度向量和柔性基础力向量；M_r 表示基础板的导纳矩阵：

$$v_r = \begin{bmatrix} \dot{w}_{zb1} & \dot{w}_{zb2} & \dot{w}_{zb3} & \dot{w}_{zb4} \end{bmatrix}^T \quad (2-60)$$

$$f_r = \begin{bmatrix} N_{zb1} & N_{zb2} & N_{zb3} & N_{zb4} \end{bmatrix}^T \quad (2-61)$$

$$M_r = \begin{bmatrix} m_{wNz}^{11} & m_{wNz}^{12} & m_{wNz}^{13} & m_{wNz}^{14} \\ m_{wNz}^{21} & m_{wNz}^{22} & m_{wNz}^{23} & m_{wNz}^{24} \\ m_{wNz}^{31} & m_{wNz}^{32} & m_{wNz}^{33} & m_{wNz}^{34} \\ m_{wNz}^{41} & m_{wNz}^{42} & m_{wNz}^{43} & m_{wNz}^{44} \end{bmatrix} \quad (2-62)$$

式中，矩阵元素 m_{wNz}^{ij}（$i, j = 1, 2, 3, 4$）表示在第 j 点作用单位方向力 N_z 时，在第 i 点处产生 Z 向速度。

4）形成隔振系统整体模型

根据连接点处速度相等、力作用相反这两个边界条件，可以通过变换矩阵将隔振设备、柔性基础与隔振器形成整体：

$$\left. \begin{array}{l} f_m = -T f_{sr} \\ v_m = T v_{sr} \end{array} \right\} \quad (2-63)$$

式中，变换矩阵 T 为单位阵。其中，机械设备-柔性基础速度向量和力向量可由机械设备与柔性基础的动态表达式(2-52)、(2-59)组合得到：

$$v_{sr} = M_{sr1} f_{sr} + M_{sr2} q_p \tag{2-64}$$

式中，$v_{sr} = [v_s \quad v_r]^T$；$f_{sr} = [f_s \quad f_r]^T$；$M_{sr1} = \begin{bmatrix} M_{s1} & 0 \\ 0 & M_r \end{bmatrix}$；$M_{sr2} = \begin{bmatrix} M_{s2} & 0 \\ 0 & 0 \end{bmatrix}$。

通过对式(2-63)、式(2-64)进行系列变换，最终可得到如下隔振系统动态分析式：

$$v_{sr} = Q_{pv} q_p + Q_{cv} q_c \tag{2-65}$$

$$f_{sr} = Q_{pf} q_p + Q_{cf} q_c \tag{2-66}$$

$$Q_{pv} = (I + M_{sr1} Z_{m1})^{-1} M_{sr2} \tag{2-67}$$

$$Q_{cv} = -(I + M_{sr1} Z_{m1})^{-1} M_{sr1} Z_{m2} \tag{2-68}$$

$$Q_{pf} = -Z_{m1} (I + M_{sr1} Z_{m1})^{-1} M_{sr2} \tag{2-69}$$

$$Q_{cf} = Z_{m1} (I + M_{sr1} Z_{m1})^{-1} M_{sr1} Z_{m2} - Z_{m2} \tag{2-70}$$

将其变换为易于理解的传递函数矩阵的形式，可得到如下方程：

$$\begin{bmatrix} \dot{w}_{zs1} \\ \dot{w}_{zs2} \\ \dot{w}_{zs3} \\ \dot{w}_{zs4} \\ \dot{w}_{zb1} \\ \dot{w}_{zb2} \\ \dot{w}_{zb3} \\ \dot{w}_{zb4} \end{bmatrix} = \begin{bmatrix} G_{\dot{w}_{zs1}-F_d} & G_{\dot{w}_{zs1}-F_1} & G_{\dot{w}_{zs1}-F_2} & G_{\dot{w}_{zs1}-F_3} & G_{\dot{w}_{zs1}-F_4} \\ G_{\dot{w}_{zs2}-F_d} & G_{\dot{w}_{zs2}-F_1} & G_{\dot{w}_{zs2}-F_2} & G_{\dot{w}_{zs2}-F_3} & G_{\dot{w}_{zs2}-F_4} \\ G_{\dot{w}_{zs3}-F_d} & G_{\dot{w}_{zs3}-F_1} & G_{\dot{w}_{zs3}-F_2} & G_{\dot{w}_{zs3}-F_3} & G_{\dot{w}_{zs3}-F_4} \\ G_{\dot{w}_{zs4}-F_d} & G_{\dot{w}_{zs4}-F_1} & G_{\dot{w}_{zs4}-F_2} & G_{\dot{w}_{zs4}-F_3} & G_{\dot{w}_{zs4}-F_4} \\ G_{\dot{w}_{zb1}-F_d} & G_{\dot{w}_{zb1}-F_1} & G_{\dot{w}_{zb1}-F_2} & G_{\dot{w}_{zb1}-F_3} & G_{\dot{w}_{zb1}-F_4} \\ G_{\dot{w}_{zb2}-F_d} & G_{\dot{w}_{zb2}-F_1} & G_{\dot{w}_{zb2}-F_2} & G_{\dot{w}_{zb2}-F_3} & G_{\dot{w}_{zb2}-F_4} \\ G_{\dot{w}_{zb3}-F_d} & G_{\dot{w}_{zb3}-F_1} & G_{\dot{w}_{zb3}-F_2} & G_{\dot{w}_{zb3}-F_3} & G_{\dot{w}_{zb3}-F_4} \\ G_{\dot{w}_{zb4}-F_d} & G_{\dot{w}_{zb4}-F_1} & G_{\dot{w}_{zb4}-F_2} & G_{\dot{w}_{zb4}-F_3} & G_{\dot{w}_{zb4}-F_4} \end{bmatrix} \begin{bmatrix} F_d \\ F_1 \\ F_2 \\ F_3 \\ F_4 \end{bmatrix} \tag{2-71}$$

式中，$G_{\dot{w}_{zsi}-F_d}$、$G_{\dot{w}_{zbi}-F_d}$ ($i = 1, 2, 3, 4$) 分别表示扰动力 F_d 在机械设备和柔性基础 i 连接点处产生的速度 $\dot{w}_{zsi}$。同理，$G_{\dot{w}_{zsi}-F_j}$、$G_{\dot{w}_{zbi}-F_j}$ ($i, j = 1, 2, 3, 4$) 分别表示第 j 个主动控制力作用时，在机械设备和柔性基础 i 连接点处产生的速度。在式(2-71)的基础上，自适应控制、模糊控制等先进的现代控制理论则很容易被引入柔性隔振系统中。

2.5.3 频响特性分析

利用上述方法对柔性耦合隔振系统进行模态计算及力学分析，可得到耦合前后设备与柔性板的固有频率和频响特性。图 2-24 所示为设备与柔性板耦合过程中，主动控制力在机械设备以及柔性板连接点处的部分频响函数曲线图。

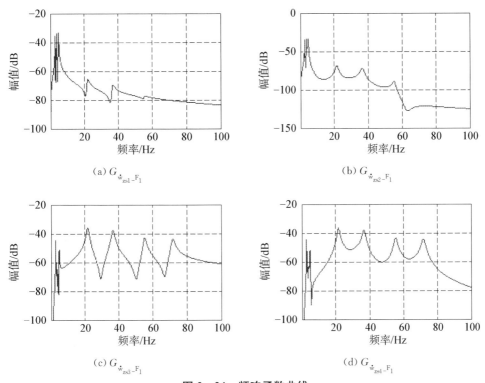

(a) $G_{\dot{w}_{zs1}-F_1}$

(b) $G_{\dot{w}_{zs2}-F_1}$

(c) $G_{\dot{w}_{zs3}-F_1}$

(d) $G_{\dot{w}_{zs4}-F_1}$

图 2 - 24　频响函数曲线

第 3 章
复杂机械系统的仿真及实验

3.1 概　　述

对于难以准确构建数学模型的复杂机械系统,仿真与实验建模方法为系统特性分析提供了一种可能。仿真建模是采用有限元等数值分析方法对复杂机械系统进行模型构建,可以获得系统的模态特征以及冲击、频响等力学特性,了解机械系统各部分的性能参数及相互作用关系,预测机械系统的性能和行为,提高机械系统的设计效率,降低成本。实验建模是利用大量含有系统动态、静态特性的实验数据来建立输入与输出的关系,通过精确的实验数据深入分析复杂机械系统的性能和潜在问题。实验测试结果能够优化仿真模型、提高仿真精度,建立仿真模型也能有效减少实验次数和降低成本,使得实验与仿真相辅相成。

本章以星箭解锁机构、谐波减速器和簇绒地毯织机为例,进行仿真与实验建模分析。对于星箭解锁机构,进行简化处理并建立有限元模型,获取星箭解锁机构的固有频率及模态振型,并通过实验模态分析方法进行验证;对于谐波减速器柔轮结构,建立柔轮载荷优化模型,分析应力集中区域,确定微裂纹引入结点,获得表征裂纹扩展能力的各项参量,并在声发射信号采集实验平台进行验证;对于簇绒地毯织机高频噪声问题,采用统计能量分析(statistical energy analysis, SEA)方法进行研究,建立簇绒地毯织机 SEA 模型,计算分析频率范围、特性参数及外部激励,确定高频噪声声压级。

3.2　仿真与实验建模理论

3.2.1　仿真分析

有限元法作为一种高效的数值仿真分析方法,在固体力学、流体力学、传热学、电磁学等多个领域均有广泛应用。以位移、力或者力和位移的组合为未知量,可将有限元方法划分为有限元力法、有限元位移法和混合有限元法。有限元位移法因其计算过程的系统性和通用性而被广泛推崇,目前大多数商业有限元软件在对弹性力学问题的分析中大多采用位移法。

3.2.1.1　有限元法求解问题的基本步骤

1) 建立力学模型

首先,在尽可能反映工程实际的基础上对工程结构进行几何简化,一般可分为一维问题、二维问题和三维问题。其中，二维问题要分清是平面应变问题还是平面应力问题，若结构具有对称性可利用其进行简化计算。其次，对结构上作用的载荷进行简化，根据作用区域的不同分别简化为集中力、线载荷、面载荷或体积力等。最后，根据实际工况条件与运动情况对模型设置边界约束并施加边界条件。

2）连续体离散化

一个结构经过力学简化后通常变为梁杆、板壳、实体或它们的组合。对结构进行有限元分析的关键是离散化处理，即将结构用不同的单元划分为离散体，并使有限个单元在结点上彼此连接，构成有限元模型。为了使有限元模型能够准确地体现实际结构，必须选择适当的单元类型。根据所建立的力学模型，通过合适的单元将连续体划分为有限个具有规则形状的单元集合。单元类型的选取应根据分析问题的性质、规模和精度要求而定。例如，二维问题可选三角形单元、四边形单元，三维问题有四面体单元、六面体单元等。

3）单元分析

单元分析包括位移模式选择和单元力学分析两方面。位移模式也称位移函数或插值函数，在有限元位移法中是以节点位移为基本未知量，再由这些节点位移插值得到单元内任意一点的位移值。单元的位移模式一般采用多项式，其计算简便，且随着计算次数的增加可以逼近任何一条光滑的函数曲线。完成单元选取与位移模式选择后，可根据所选单元的节点数和单元材料性质，应用弹性力学几何方程和物理方程得到单元刚度矩阵。由于连续体离散化后假定力是通过节点在单元间传递的，因此要利用插值函数把作用在单元上的体积力、面积力和集中力按静力等效原则移到节点上。

4）整体分析和有限元方程求解

将已知的单元刚度矩阵和等效节点载荷列阵组装，得到整个结构的整体刚度矩阵和载荷列阵。将刚度矩阵与载荷列阵联系起来，得到一个由总体刚度矩阵 $[K]$、总载荷向量 $\{F\}$ 和整体节点位移向量 $\{\delta\}$ 表示的平衡方程式：$[K]\{\delta\}=\{F\}$。通过引入位移边界条件，求解得到整体节点位移向量。有限元离散方程是一个代数方程组，代入边界条件处理以后的刚度矩阵是一个正定的对称稀疏矩阵，这样的代数方程组可以用高斯消元法、三角分解法、波前法和雅可比迭代法等多种方法求解。

5）结果后处理和分析

求解线性方程组得到位移矢量后，根据几何和物理关系可以得到应变和应力。由于节点位移和单元应变之间存在一定的不连续性，从而导致应力计算的误差，因此要在节点附近进行平均化处理。通过后处理可得到位移、应变和应力的最大最小值及其所在位置，以及主应力、主应变或其他定义的等效应力。仿真分析结果可以通过图表、动画等多种方式表示，用于指导工程设计、产品开发等。

3.2.1.2 有限元建模准则

（1）有限元模型应满足平衡条件，即结构的整体和任一单元在节点上都必须保持静力平衡。

（2）满足变形协调条件，即交汇于一个节点上的各单元在受力变形后也必须保持交汇于同一节点。

（3）满足边界条件和材料的本构关系,包括整个结构的边界条件和单元间的边界条件。

（4）满足刚度等价原则,即有限元模型的抗拉压、抗弯曲、抗扭转、抗剪切刚度应尽可能与原来结构等价。

（5）选取正确单元,包括单元类型、形状、阶次,使之能很好地反映结构构件的传力特点、变形情况等,尤其是对主要受力构件应该做到尽可能不失真。

（6）精确划分网格,应根据结构特点、应力分布情况、单元的性质、精度要求及其计算量的大小等仔细划分计算网格。

（7）在几何上要尽可能地逼近真实的结构体,尤其要注意曲线与曲面的逼近问题。

（8）仔细处理载荷模型,正确生成节点力,同时载荷的简化不应该跨越主要的受力构件。

（9）质量的堆积应满足质心及惯性矩等效要求。

（10）超单元的划分应尽可能单级化并使剩余结构最小。

3.2.2 实验建模

对复杂机械系统进行模态实验可以掌握被测结构在易受影响频率范围内,其各阶主要模态的特性,预测结构在此频段内,其外部或内部在各种振源作用下的实际振动响应。同时,可以识别出系统的模态参数,为系统的结构特性分析、振动故障诊断和预报以及动力特性的优化设计提供依据,也可验证仿真分析结果的准确性。

1）模态理论分析

振动系统可分为无阻尼、比例阻尼、一般黏性阻尼和结构阻尼系统。一般黏性阻尼系统其振动微分方程为

$$M\ddot{x} + C\dot{x} + Kx = f(t) \tag{3-1}$$

式中, M 、 K 、 C 、 $f(t)$ 和 x 分别为一般黏性质量、刚度、阻尼矩阵、力矩阵和响应矩阵。

假定系统的初始位移和初始速度为零,对式(3-1)进行拉氏变换得

$$(s^2M + sC + K)X(s) = F(s) \tag{3-2}$$

式(3-2)可写为

$$Z(s)X(s) = F(s) \tag{3-3}$$

定义传递函数矩阵

$$H(s) = Z^{-1}(s) = (s^2M + sC + K)^{-1} \tag{3-4}$$

所以有

$$X(s) = H(s)F(s) \tag{3-5}$$

由线性代数可知,传递函数式(3-5)可变为

$$H(s) = \frac{a\,\mathrm{d}jZ(s)}{|Z(s)|} \tag{3-6}$$

为求式(3-2)的特征值,引入辅助方程

$$(sM - sM)X(s) = 0 \tag{3-7}$$

将式(3-7)与式(3-2)联立得

$$(sA + B)Y = F \tag{3-8}$$

式中,$A = \begin{bmatrix} 0 & M \\ M & C \end{bmatrix}$;$B = \begin{bmatrix} -M & 0 \\ 0 & K \end{bmatrix}$;$Y = \begin{bmatrix} sX \\ X \end{bmatrix}$;$F = \begin{bmatrix} 0 \\ F \end{bmatrix}$。可得式(3-8)的特征值为

$$\Lambda = \begin{bmatrix} \lambda_1 & & & & & \\ & \ddots & & & 0 & \\ & & \lambda_N & & & \\ & & & \lambda_1^* & & \\ 0 & & & & \ddots & \\ & & & & & \lambda_N^* \end{bmatrix} = \begin{bmatrix} \sigma_1 + j\omega_1 & & & & & \\ & \ddots & & & 0 & \\ & & \sigma_N + j\omega_N & & & \\ & & & \sigma_1 - j\omega_1 & & \\ 0 & & & & \ddots & \\ & & & & & \sigma_N - j\omega_N \end{bmatrix}$$

式中,λ^* 为 λ 共轭。

把特征值代入式(3-8)中即可求得特征向量,由特征向量可引出成模态振型向量 Ψ_r,组成模态振型向量矩阵

$$\Phi = \begin{bmatrix} \lambda_1\Psi_1 & \cdots & \lambda_N\Psi_N & \lambda_1^*\Psi_1^* & \cdots & \lambda_N^*\Psi_N^* \\ \Psi_1 & \cdots & \Psi_N & \Psi_1^* & \cdots & \Psi_N^* \end{bmatrix}$$

式中,Ψ^* 为 Ψ 共轭。

根据留数概念,可以把传递函数式(3-6)写成留数形式:

$$H[s] = \sum_{r=1}^{N} \left(\frac{A_r}{s - \lambda_r} + \frac{A_r^*}{s - \lambda_r^*} \right) \tag{3-9}$$

式中,A_r 和 A_r^* 项称为留数。根据留数与模态向量之间的关系 $A_r = Q_r\Psi_r\Psi_r^{\mathrm{T}}$($Q_r$ 为模态比例因子),式(3-9)则变为

$$H[s] = \sum_{r=1}^{N} \left(\frac{Q_r\Psi_r\Psi_r^{\mathrm{T}}}{s - \lambda_r} + \frac{Q_r\Psi_r^*\Psi_r^{*\mathrm{T}}}{s - \lambda_r^*} \right) \tag{3-10}$$

记 $V = \begin{bmatrix} \Psi_1 & \cdots & \Psi_N & \Psi_1^* & \cdots & \Psi_N^* \end{bmatrix}$,称为模态向量矩阵。

$L = \begin{bmatrix} Q_1\Psi_1 & \cdots & Q_N\Psi_N & Q_1^*\Psi_1^* & \cdots & Q_N^*\Psi_N^* \end{bmatrix} = QV^{\mathrm{T}}$,称为模态参与因子矩阵。

考虑的 $[sI - \Lambda]^{-1}$(I 为单位矩阵)中含有 $\dfrac{1}{s - \lambda_r}$ 和 $\dfrac{1}{s - \lambda_r^*}$ 项。因此,式(3-10)可写为

$$H(s) = V[sI - \Lambda]^{-1}L = V[sI - \Lambda]^{-1}QV^{\mathrm{T}} \qquad (3-11)$$

根据模态向量矩阵正交性，得到正交性条件 $\Psi^{\mathrm{T}}A\Psi = [a]$，$\Psi^{\mathrm{T}}A\Psi = [b]$。对这两个式子展开后可得

$$V^{\mathrm{T}}MV\Lambda + \Lambda V^{\mathrm{T}}MV + V^{\mathrm{T}}CV = [a] \qquad (3-12)$$

$$-\Lambda V^{\mathrm{T}}MV\Lambda + V^{\mathrm{T}}KV = [b] \qquad (3-13)$$

式中，Λ 为特征值矩阵；V 为模态向量矩阵。$[a]$ 和 $[b]$ 称为模态 a 矩阵和模态 b 矩阵。模态 a_r 和模态 b_r 取决于第 r 阶模态比例因子，且 $[b] = -[a]\Lambda$。将坐标变换方程 $Y = \Phi[q]$ 代入式(3-8)整理后得

$$\begin{bmatrix} sX \\ X \end{bmatrix} = \begin{bmatrix} V\Lambda \\ V \end{bmatrix} [s[a] - [a]\Lambda]^{-1} \begin{bmatrix} V\Lambda \\ V \end{bmatrix}^{\mathrm{T}} \begin{bmatrix} 0 \\ F \end{bmatrix} \qquad (3-14)$$

矩阵方程的下半部分即为系统的响应模型：

$$X(s) = V[s[a] - \Lambda]^{-1}[a]^{-1}V^{\mathrm{T}}F(s) = H(s)F(s) \qquad (3-15)$$

则系统的传递函数为

$$H(s) = V[sI - \Lambda]^{-1}[a]^{-1}V^{\mathrm{T}} \qquad (3-16)$$

对比式(3-16)和式(3-11)，有 $Q = [a]^{-1}$。根据 $A_r = Q_r\Psi_r\Psi_r^{\mathrm{T}}$ 可知留数矩阵中的元素表达式 $A_{pqr} = Q_r\Psi_{pr}\Psi_{qr}$，结合 $Q = [a]^{-1}$，即可求出模态 a 矩阵。在实验模态分析中，测出某点的原点频响函数值(在留数矩阵上指对角线元素)，即 A_{qqr}。然后，根据 $A_{pqr} = Q_r\Psi_{pr}\Psi_{qr}$ 和 $Q = [a]^{-1}$ 得到第 r 阶系统模态 a_r：

$$a_r = \frac{\Psi_{qr}\Psi_{qr}}{A_{qqr}} \qquad (3-17)$$

采用归一化法计算其他参数，如下所述。

(1) 单位模态法：$a_r = 1$，$Q_r = 1$，$\Psi_{qr} = \sqrt{A_{qqr}}$，$\Psi_{pr} = \dfrac{A_{pqr}}{\sqrt{A_{qqr}}}$。

(2) 单位模态系数：假定模态 r 的第 i 个分量 Ψ_{ir} 必须为 1，则有

$$\Psi_{ir} = 1，\ \Psi_{pr} = \frac{A_{pqr}}{A_{iqr}}，\ Q_r = \frac{A_{pqr}}{\Psi_{pr}\Psi_{qr}} = \frac{1}{a_r}$$

(3) 单位模态向量长度：$\| |A_{\mathrm{q}}|_r \| = \sqrt{\displaystyle\sum_{i=1}^{N} A_{iqr}A_{iqr}^{*}}$，$\Psi_{pr} = \dfrac{A_{pqr}}{\| |A_{\mathrm{q}}|_r \|}$，$Q_r = \dfrac{A_{pqr}}{\Psi_{pr}\Psi_{qr}} = \dfrac{1}{a_r}$。

(4) 单位模态质量法：$m_r = 1$，$Q_r = \dfrac{1}{j2\omega_r}$，$\Psi_{qr} = \sqrt{\dfrac{A_{qqr}}{Q_r}}$，$\Psi_{pr} = \dfrac{A_{pqr}}{Q_r\Psi_{qr}}$。

令 $s = j\omega$，则传递函数(3-9)变成频响函数

$$H(j\omega) = \sum_{r=1}^{N} \left(\frac{Q_r \boldsymbol{\Psi}_r \boldsymbol{\Psi}_r^{\mathrm{T}}}{j\omega - \lambda_r} + \frac{Q_r^* \boldsymbol{\Psi}_r^* \boldsymbol{\Psi}_r^{*\mathrm{T}}}{j\omega - \lambda_r^*} \right) \tag{3-18}$$

在理论分析中,矩阵 M、K、C 为已知量,可求出系统的特征值和特征向量。根据特征向量(特征向量中包含了该系统的模态向量)的正交条件计算模态矩阵 $[a]$,结合归一化方法即可得到系统的各模态参数。

2)实验模态分析

模态分析解析法的出发点是,根据质量矩阵、阻尼矩阵和刚度矩阵来估计结构的质量、刚度和阻尼分布。然而,实验模态分析方法则是从式(3-18)的频响函数入手,根据一定的参数识别方法来估计模态参数,计算出系统的模态振型。虽然实验方法无法激发出系统的所有模态,不能估计出系统的质量、刚度和阻尼矩阵,但只需要在所关注的几阶模态内求得其模态参数,计算出振型后观察振动特性,就可以获得所需结果,其为系统的结构特性分析、振动故障诊断和预报以及动力特性的优化设计提供依据。

在进行实验模态分析之前,实验需要将被测对象的有限元动态响应结果作为参考。模态实验包括自由模态和约束模态,其中,自由模态的理想实验基础是实验对象绝对自由状态,即当实验对象被施加激励时,实验对象为自由无约束状态。实际上,这种情况是不存在的,可以通过弹性绳将实验对象悬挂于支架,其支撑方式可近似认为是自由状态。当弹性绳与被测对象构成单自由度系统最大刚体模态频率小于结构一阶弹性模态 10% 时,则可认为其满足自由边界条件。

实验模态分析法可以分为两大类:测力法和不测力法。测力法又可分为锤击激励法和激振器激励法,锤击激励法包括单点激励法和单点拾振法。具体的模态实验设备连接如图 3-1 所示。测试过程中所用到的仪器设备见表 3-1。

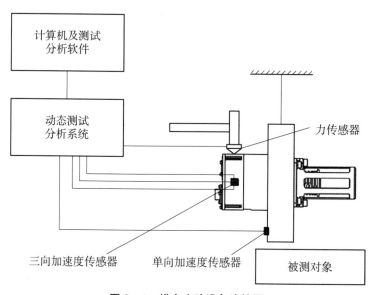

图 3-1 模态实验设备连接图

表 3 - 1　实验仪器配置

仪器	数量	图示
动态信号测试分析系统	16 通道	
三向加速度传感器	2 个	
单向加速度传感器	6 个	
力锤	1 套	
电脑	1 台	

3) 实验测点分布原则

模态测试过程中,测点数目取决于所选频率范围、期望的模态数、试件上所关注的区域及现有的传感器数目等多项因素。当测点位置选择不合适或测点数量太少时,会使结构上部分重要位置和方向的运动丢失。测点布置应遵循以下原则:

(1) 为了避免漏掉一些重要模态振型,可在被测对象上均匀分布测试点。尤其对被测对象特别感兴趣的区域,应多布置一些测试点。

(2) 由于高频模态的振型驻波波长比较短,因此要选择更多的响应点才能更为精确地将高频模态描述出来。

(3) 测点应尽量布置在振型峰谷处,避免布置在振型节点处,以便弥补动态响应的不完善,从而更好地反映参与计算的模态信息。

(4) 测量通道数应大于待识别的载荷数。

(5) 同方向的测点不要布置得太近,且尽量不要将测点布置在反映激励点作用效应雷同的部位。

3.3　基于 NX I‑DEAS 的星箭解锁机构仿真分析和实验验证

在航天器分离技术研究领域内,分离装置是航天飞行器中的重要部件,其性能的好坏直接影响航天发射任务能否顺利完成。传统的火工分离装置虽然能够完成分离任务,但在解锁分离过程中会产生非常大的冲击力,有可能使航天器上的敏感元器件受到损伤甚至失效,而且分离过程会产生污染以及成本偏高。依靠形状记忆合金作为驱动器的非火攻分离装置,能够实现甚低冲击,完成星箭的可靠分离。本案例以非火攻星箭解锁分离装置为研究对象,对其进行有限元模型建立及模态特征分析,并采用实验模态分析法确定分离装置的模态以及各阶模态所对应的频率和阻尼比。最后,对星箭解锁分离装置在捕获帽底部装有缓冲垫和没有缓冲垫分别进行冲击响应实验。

3.3.1　有限元模型建立

采用有限元分析软件 NX I‑DEAS 建立星箭解锁分离装置有限元模型,如图 3‑2 所示,需要同时考虑模型的计算效率和结果准确度。模型具体处理过程如下:

（1）为了得到高质量网格,保证模型求解的准确度,在进行网格划分之前需要对星箭解锁分离装置中带有圆角、倒角以及小孔特征的构件进行处理。

（2）对星箭解锁分离装置结构板进行简化处理,采用 Shell 单元模拟二维结构板,星端结构板与箭端结构板之间采用约束单元进行模拟。

（3）摆臂转轴处采用约束单元模拟,螺栓简化为 Beam 梁单元,螺栓与其他部件采用约束单元进行连接。

（4）为了保证采用单元模拟实际情况的准确性,对于星箭解锁分离装置中其他结构件采用三维实体单元进行模拟。

（5）在结构离散后,对各部件赋予相应的材料属性。

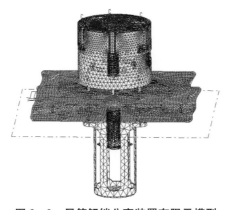

图 3‑2　星箭解锁分离装置有限元模型

3.3.2　模态特征分析

设置约束条件及计算工况,计算得到星箭解锁分离装置各阶模态所对应的固有频率,见表 3-2。

表 3-2　星箭解锁分离装置各阶模态对应的固有频率

阶数	频率/Hz	振型描述
一	414	装置整体 x 方向一阶弯曲
二	587	装置整体绕 z 轴扭转,传动壳体 x 方向一阶振动捕获帽 x 向一阶弯曲
三	626	装置整体 y 方向一阶弯曲
四	687	装置整体 x 方向二阶弯曲
五	830	主承力杆 x 方向一阶振动,装置整体绕 z 轴扭转
六	1 260	结构板 z 方向一阶弯曲

其振型结果如图 3-3 所示。

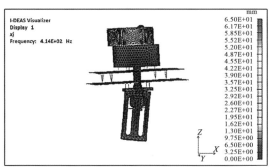

（a）第一阶模态

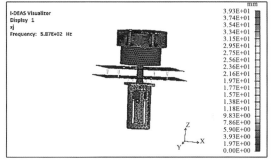

（b）第二阶模态

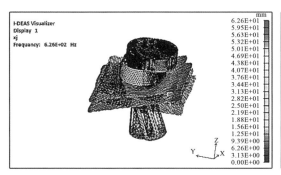

（c）第三阶模态

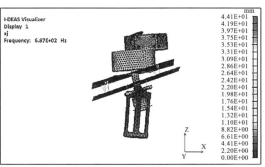

（d）第四阶模态

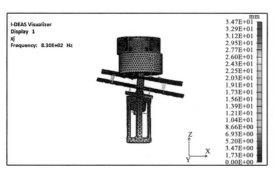

（e）第五阶模态   （f）第六阶模态

图 3-3   星箭解锁分离装置模态振型

结果表明,星箭解锁分离装置在 1 500 Hz 以下存在着丰富的模态特征;在 550～700 Hz 范围内,分离装置模态较为密集;在振型上,第三、四阶模态对星箭解锁分离装置影响较大,在修改结构时应予以注意。

3.3.3   模态与冲击响应实验

1）模态实验

根据现场测试条件以及被测对象关注频宽范围等因素,选择单点激励的方法作为本次实验测试方法。测试步骤包括建立装置模型、根据模型尺寸划分测试点、将实验模型悬挂和连接实验仪器、合理选择激励点和进行数据采集、数据处理、参数识别,并根据测试结果得出模型振型动画。在模态分析软件中,建立星箭解锁分离装置的外观线框模型,如图 3-4 所示。

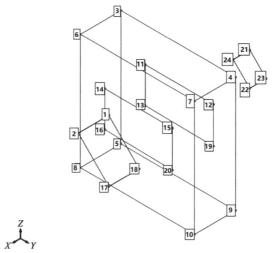

图 3-4   线框模型及测点分布图

根据 3.2.2 节所述实验原则及实验要求,测试中共布置 24 个测点,其中 4 个测点(1、

2、17 和 18)测量 X、Y、Z 三个方向,其余 20 个测试点为单向测量,总计 32 个自由度。结合有限元预分析结果和现场实测结果,选定 1 号测点和 3 号测点为最佳激励点;激励方向为:1 号 Z 方向,3 号 X 方向。本实验采用的是直角坐标系,三向传感器的三个方向必须与直角坐标系中的 X、Y 和 Z 方向保持一致,单向传感器根据所测位置必须与直角坐标系 XYZ 中的一个坐标轴方向保持一致,传感器采用瞬间固化黏合剂(502)粘贴的方式实现安装,如图 3-5 所示。

图 3-5 实验安装图

模态实验过程中共采集 4 批数据,每批数据包含 2 个测点的 X、Y、Z 三个方向信号以及 6 个测点的单向信号。第一次采样时,须对所采信号进行预采样,根据所采信号的大小来确定力锤及传感器的量程范围。然后,对每个输入通道传感器对应的灵敏度进行设置并选择合适的量程,设置无误后开始采样。

本次实验被测对象的模态参数,采用国际最新发展和流行的,基于传递函数的多参考点的最小二乘复频域法(polyreference least squares complex frequency domain method,PolyMax 方法)。该方法的特点是:综合了多参考点法和最小二乘曲线拟合(least square curve fitting,LSCF)方法的优点,可以得出非常清晰的稳定图,可以给出所存在的模态数的强烈暗示。它是确定物理极点"最佳"估计的强有力的工具,即使系统模态非常密集或者频响函数(frequency response function,FRF)数据受到严重噪声污染,PolyMax 方法仍可以对每一个模态的频率、阻尼和振型有很好的识别精度。其基本原理是根据实验数据建立稳定图,从而确定真实的模态频率、阻尼和参与因子,然后建立可以线性化的正交矩阵分式模型,通过正则方程缩减并得到压缩后的正则方程求解最小二乘问题得到模态参数。利用多参考点最小二乘复指数的基本方程求解系数矩阵,若每次增加计算模态数后,得到的极点和留数都基本不变,则在稳定图中将符号"S"(stable)注在该频率处;符号"D"(damp)表示系统模态阻尼值比不变,经计算模态数后,若阻尼值不变,则用该符号进行标记;符号"V"(vector)表示留数不变,如果仅留数不变,则注上该符号;符号"F"(frequency)表示增加计算模态数后仅有模态频率没有变化。因此,在系统频率确定下来后,所选取模态的振型和结构阻尼可以通过 PolyMax 方法来进行计算,真实的模态频率是由稳定图中稳定的"S"频率确定的。本次模态实验获得的稳定图,如图 3-6 所示。

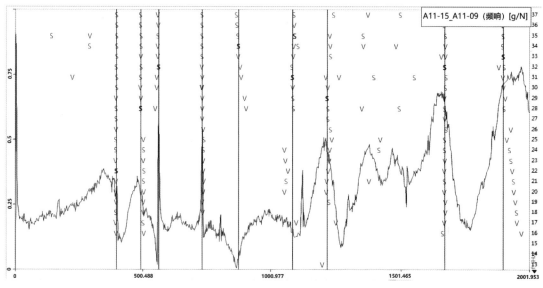

图 3-6　PolyMax 方法稳定图计算结果

根据图 3-6 所示稳定图,通过模态分析计算可得到关注频宽范围内的各阶频率、阻尼比和振型,见表 3-3。

表 3-3　星箭解锁分离装置模态主要参数

模态阶次	频率/Hz	阻尼比/%	振 型 描 述
第一阶	397.96	1.288	捕获帽 Y 轴方向扭动,传动壳体和安装板 X 向微小弯曲变形
第二阶	493.406	2.489	局部模态,捕获帽 Z 向运动;同时,传动壳体和安装板表现为比较小的 X 方向反方向弯曲运动
第三阶	562.39	1.169	整体模态,捕获帽 Z 向弯曲,传动壳体和安装板表现为同方向的扭转运动
第四阶	734.552	0.268	整体模态,传动壳体和安装板沿中间轴 Y 向旋转运动,捕获帽 Z 向运动
第五阶	873.952	2.168	传动壳体绕 X 轴扭动变形,安装板 X 向弯曲,捕获帽 Y 向运动
第六阶	1 083.834	3.235	传动壳体绕 Y 轴旋转,安装板弯曲,捕获帽 Y 向一阶振动

其振型结果如图 3-7 所示。

对得到的模态分析结果最常用的验证方法是模态判定准则(modal assurance criterion, MAC),用于比较振型的一致性。MAC 值的计算公式如下:

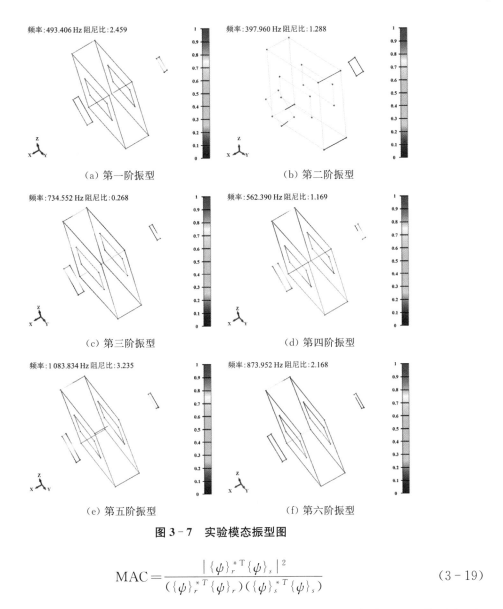

（a）第一阶振型　　　　　　　　　（b）第二阶振型

（c）第三阶振型　　　　　　　　　（d）第四阶振型

（e）第五阶振型　　　　　　　　　（f）第六阶振型

图 3-7　实验模态振型图

$$\mathrm{MAC} = \frac{\left|\{\psi\}_r^{*T}\{\psi\}_s\right|^2}{\left(\{\psi\}_r^{*T}\{\psi\}_r\right)\left(\{\psi\}_s^{*T}\{\psi\}_s\right)} \tag{3-19}$$

若 $\{\psi\}_r$ 和 $\{\psi\}_s$ 是同一物理振型的估计,那么模态判定准则应当接近 1。若 $\{\psi\}_r$ 和 $\{\psi\}_s$ 是不同物理振型的估计,则模态判定准则应该接近于 0。

本次被测对象的 MAC 柱状图如图 3-8 所示。从图中可以得出,当 $r=s$ 时,MAC 值为 1,则说明第 r 阶模态与本身完全相关;当 $r \neq s$ 时,MAC 值接近于 0,则说明第 r 阶模态与第 s 阶模态几乎完全不相关,符合各阶模态判定接近于 0 的标准。本次实验中的各阶模态具有较高的可信度。

目前,大量事实已表明,在结构设计和评价中振动特性分析扮演着极其重要的角色。随着近年来科学技术的飞速进步,许多的产品朝着更轻、更安全可靠、更大和更快的方向发展,因此动态特性对于产品是一个重要的考核标准,振动分析越来越重要。然而,在振动工程理论中,模态分析或实验模态分析能为各种产品的性能评估和结构设计提供一个极为可靠的辅

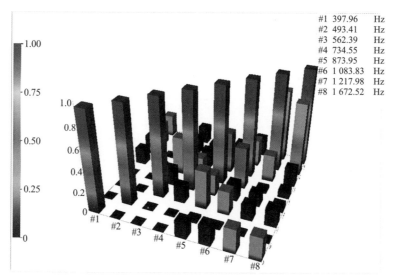

#1	397.96	Hz
#2	493.41	Hz
#3	562.39	Hz
#4	734.55	Hz
#5	873.95	Hz
#6	1 083.83	Hz
#7	1 217.98	Hz
#8	1 672.52	Hz

图 3 - 8　MAC 柱状图

助工具,其可靠的实验分析结果能为产品性能评估提供一个有效的参考标准。

2) 冲击响应实验

为了能够准确地分析冲击信号以及结构板上的响应,需要对星箭解锁分离装置进行冲击响应实验。为了尽可能地模拟星箭解锁分离装置的真实受力环境,采用悬挂的方案对星箭解锁分离装置进行测试。测点分布如图 3 - 9 所示,其中,8 号测点位于捕获帽底部。为了降低系统在冲击作用下所造成的负面效果,本次测试分别在捕获帽底部有缓冲垫和无缓冲垫的两种情况下进行。

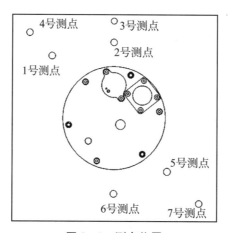

图 3 - 9　测点位置

将各测点的数据导出,并用 MATLAB 绘制各测点的时域响应图,由于测点数据较多,现仅对测点 1、2、8 进行分析,得到各测点在有缓冲和无缓冲两种情况下的时域图。图 3 - 10 是在没有缓冲垫情况下测点 1、2、8 的响应图,图 3 - 11 是在捕获帽底部装有缓冲垫情况下测点 1、2、8 的响应图。

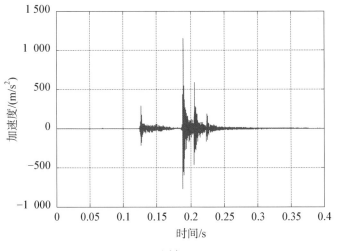

（a）测点 1

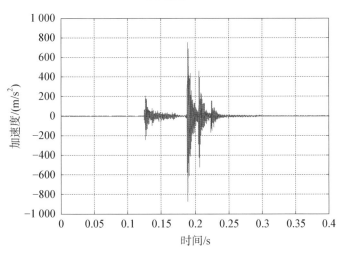

（b）测点 2

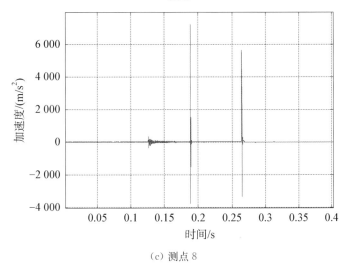

（c）测点 8

图 3 - 10　无缓冲垫情况下测点 1、2、8 的响应图

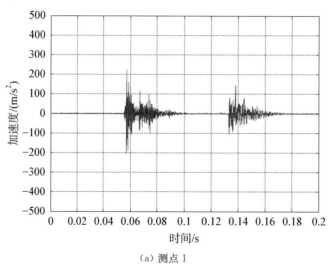

（a）测点 1

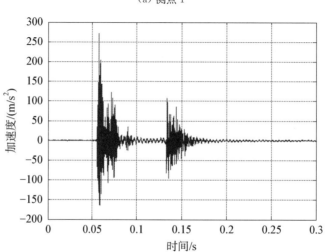

（b）测点 2

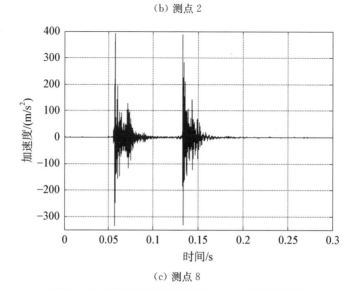

（c）测点 8

图 3－11　有缓冲垫情况下测点 1、2、8 的响应图

从图 3 - 10 中可以看出,在无缓冲垫的情况下测试约在 0.125 s 附近摆臂与传动壳体碰撞,此时各测点出现图中第一次波动。由于各测点的位置不同,图 3 - 10 中显示的加速度值的大小有一定区别,在 0.18 s 附近主承力杆撞击捕获帽,此时测点 1、2、8 响应图中加速度数值达到最大。由此可以得出,在整个分离过程中主承力杆撞击捕获帽相比其余两次冲击对整个分离装置的影响较为突出。在 0.205 s 以及 0.225 s 附近两次的波动,主要是由于主承力杆与捕获帽第一次碰撞之后反弹,造成对捕获帽的两次撞击形成的波形。

从图 3 - 11 中可以看出,在捕获帽底部放置缓冲垫的条件下进行测试,在 0.59 s 时刻附近测点 1、2、8 响应图中开始出现较为明显的波形信号。从图 3 - 11 中可以看出,在约 0.059 s 时刻一级摆臂与传动壳体碰撞,在 0.068 s 附近二级摆臂与传动壳体碰撞,在 0.135 s 时刻主承力杆与捕获帽碰撞。由测点 8 的响应图(图 3 - 11c)可以看出,在主承力杆与捕获帽第一次碰撞后仅有一次反弹,反弹后重新与捕获帽碰撞。

通过对比图 3 - 10c 和图 3 - 11c 两个测点 8 的响应图可以看出,在捕获帽底部放置缓冲垫,当主承力杆与捕获帽撞击时能消除大部分的冲击力,起到很好的缓冲效果,且大幅度地降低冲击对分离平台的影响,确保了星箭解锁分离装置正常分离。

3.4　基于 XFEM 的谐波减速器柔轮裂纹扩展行为分析

作为影响谐波减速器寿命的最主要部件,柔轮的微裂纹萌生、扩展直至断裂所产生的信号直接反映了减速器的不同损伤阶段。因此,研究柔轮裂纹的生长规律对把握谐波减速器的损伤趋势至关重要。本案例首先通过建立柔轮等效模型对其进行应力分析,应用有限元软件确定应力最大结点位置;然后基于最大主应力损伤演化准则,采用扩展有限元方法对柔轮裂纹扩展行为进行分析,获取柔轮裂纹生长规律;最后搭建实验平台进行谐波减速器加速寿命实验,验证裂纹生长规律的准确性。

3.4.1　有限元建模及应力仿真

采用有限元软件建立柔轮载荷优化模型,对应力集中位置进行分析,确定微裂纹引入结点,进而获得表征裂纹扩展能力的各项参量。

柔轮在啮合区受到两类载荷(图 3 - 12a):一类由波发生器迫使柔轮变形而产生在柔轮内壁;另一类在柔轮齿圈,与刚轮齿啮合产生的齿面载荷。由于谐波减速器啮合齿数可达到 40%,因此需要采用均布载荷代替等效集中载荷。此处将波发生器稳定压入柔轮发生强制变形后的静态应力作为第一类受载(图 3 - 12b)。其柔轮应力分布云图如图 3 - 13 所示。

最大应力位置位于筒体端面的长轴齿根处,筒体与凸缘的垂直交界面处也出现了明显的应力集中,裂纹易产生于以上两个位置。柔轮齿端面最大应力位置的正应力与剪应力分量结果见表 3 - 4。

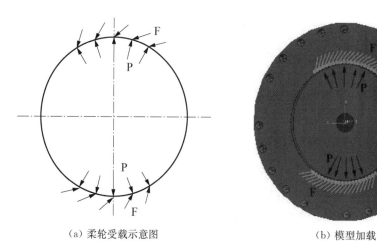

(a) 柔轮受载示意图　　　　　　　(b) 模型加载

图 3 – 12　柔轮受载离散模型

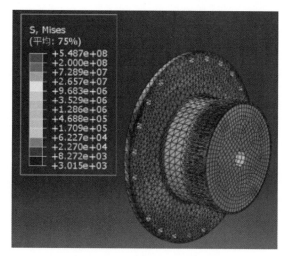

图 3 – 13　柔轮应力分布云图

表 3 – 4　端面长轴齿根处各应力(3 倍负载)　　　　　　　　　单位:MPa

参数项	计算结果	仿真结果
σ_{zG}	89.617	83.997
$\sigma_{\varphi G}$	326.276	348.894
τ_{G}	179.935	196.618

通过仿真获得柔轮的最大应力结点,在该位置引入微小裂纹。其中,引入的切片半径为 0.5 mm,圆心位于最大应力结点,垂直于柔轮齿端面,如图 3 – 14 所示。利用 M 积分求得裂尖从 A 点(内表面)到 B 点(外表面)的应力强度因子 K_{I}、K_{II}、K_{III} 和 J 积分。

K_{I} 描述由正应力引起的应力集中,是表征应力场强弱的主要参量。K_{II} 用来预测裂

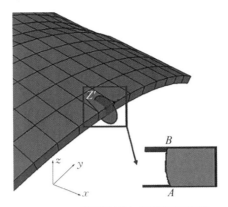

图 3 - 14　微裂纹引入及截面示意图

纹扭转角度，确定裂纹前缘的扩展方向。K_{III} 可描述剪应力集中程度。图 3 - 15a～c 为裂尖由 A 到 B 的 K_{I}、K_{II}、K_{III} 分布图。

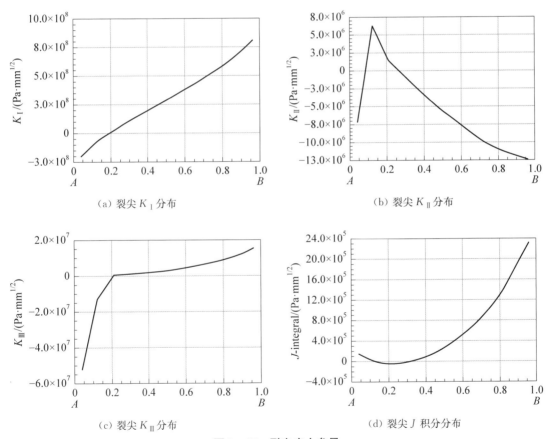

（a）裂尖 K_{I} 分布　　　　　（b）裂尖 K_{II} 分布

（c）裂尖 K_{III} 分布　　　　　（d）裂尖 J 积分分布

图 3 - 15　裂尖应力参量

J 积分是用来描述局部应力场强度平均值的参量。K_{I}、K_{II}、K_{III} 与 J 积分关系如下：

$$J = \frac{1-\mu^2}{E}(K_{\text{I}}^2 + K_{\text{II}}^2) + \frac{1}{2\mu}K_{\text{III}}^2 \qquad (3-20)$$

对比发现，J 积分在近 A 端的约 1/5 处最小，该位置附近出现 K_{II} 峰值，裂纹最先扩展。J 积分在 B 端达到最大，且 K_{I}、K_{III} 最大，裂纹附近的应力集中于柔轮外表面。

3.4.2　裂纹扩展行为分析

扩展有限元(extended finite element method，XFEM)是一种模拟分析断裂力学问题的有效方法。XFEM 在保留传统有限元算法优势的同时，采用独立于网格剖分的思想解决裂纹扩展问题，无须对裂纹轮廓进行局部细化。

对单元内部而言，位移函数的形状是任意的，计算时也大多采用插值多项式来进行描述，位移函数在单元内必须连续。采用水平集函数[式(3-21)、式(3-22)]扩充位移函数，使裂纹扩展独立于其他单元：

$$f(x,\ t)=\pm \min_{x\in y(t)}\|x-x_{\mathrm{y}}\|,\ g_i=(x-x_i)\frac{\nu_i}{\|\nu_i\|} \tag{3-21}$$

$$\Psi_{\mathrm{J}}(x)=N_{\mathrm{J}}(x)H[f(x)],\ \Psi_{\mathrm{J}}(x)=N_{\mathrm{J}}(x)\Phi(x) \tag{3-22}$$

由于 XFEM 只能用于四边形或六面体网格，且不支持自适应网格。为了方便网格的合理划分，将柔轮模型简化：删除齿圈，以当量圆环代替；删除多余的倒角、圆角及工艺孔。综合考虑接触、收敛难易度和变形计算精度，网格属性设置为 C3D8R。

为保证扩展有限元方法的顺利进行，在柔轮有限元模型中应力最大结点处引入裂纹后，需要对裂纹扩展相关功能选项进行设置。

裂纹扩展判据：应力强度因子才是裂纹扩展的真正推动力，当裂纹前端的 $\Delta K > \Delta K_{\mathrm{th}}$ 后，裂纹开始扩展。基于最大主应力损伤演化准则，依据材料属性设置损伤参数，修改通用控制求解器、模型关键字，在场输出和历程输出中勾选"破坏/断裂"功能，在特殊设置裂纹管理器中打开"允许 XFEM 裂纹扩展"即可。Maxps 损伤参数设置如图 3-16 所示。

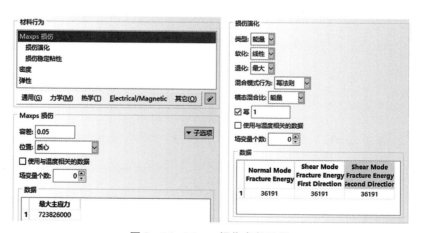

图 3-16　Maxps 损伤参数设置

增量步大小直接影响载荷增量,使相同工况下同一位置的裂纹扩展路径随即改变。载荷施加时,若某一增量步经有限次迭代后仍不收敛,则将增量步大小调整为当前增量步大小的 0.25 倍,重新迭代。初始增量步设置过大导致结果不收敛,设置过小则时间成本过高。经对比,初始增量步大小为 0.01 和 0.001 量级时结果较优。图 3 - 17、图 3 - 18 为初始增量步大小为 0.01 和 0.001 时的裂纹扩展路径仿真结果,同量级的仿真结果相差无几。

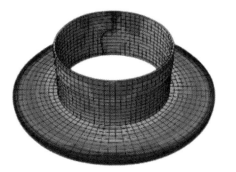

|(a) 内表面|(b) 外表面|

图 3 - 17　初始增量步为 0.01 的裂纹仿真图

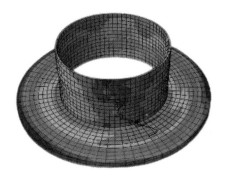

|(a) 内表面|(b) 外表面|

图 3 - 18　初始增量步为 0.001 的裂纹仿真图

与裂尖应力场分析结果一致,裂纹附近的应力分布明显集中于外表面。裂纹的总体扩展趋势相同,增量步大小对裂纹扩展路径的随机差异性的影响显著。

3.4.3　加速寿命与裂纹扩展实验

谐波减速器加速寿命实验平台主要由变频电机、联轴器、谐波减速器、磁粉制动器四部分组成,如图 3 - 19 所示。变频电机 ABB80M2.4.6P - B3,其额定功率 1.1 kW,额定转矩 3.5 N·m,额定转速 2 845 r/min,提供谐波减速器的输入动力;联轴器采用膜片式,型号为 CPDW50 - 19 - 19;磁粉制动器采用兰菱 FZ1000J/Y,额定转矩 1 000 N·m,许用转速 1 000 r/min,提供系统负载。

图 3-19　加速寿命实验平台

总共布置 4 个传感器进行信号采集,传感器 1 置于谐波减速器正上方,传感器 2 置于架板正面,传感器 3 置于架板侧方,形成空间定位方式,判断实验台的最佳采集点。损伤位置不同,对应方位上的信号活跃程度不同,传感器采集信号数据量不同。传感器 4 置于底座,用于观测环境噪声等非谐波减速器产生的响应信号。

该系列谐波减速器的额定寿命在 9 000 h,需要利用过载实验加速破坏。负载设定为 3 倍额定转矩,转速为 2 000 r/min。表 3-5 为六组加速实验的测试时长。

表 3-5　六组实验结果

实验	测试时长/h	负载倍率/倍
1	24	3
2	192	3
3	120	3
4	48	3
5	288	3
6	120	3

加速寿命测试后得到的 6 组柔轮裂纹扩展路径如图 3-20、图 3-21 所示。图 3-20 中,四组实验裂纹均与图 3-17 吻合。前三组实验的裂纹扩展路径与长度相似;实验四的柔轮齿根及筒底与凸缘交界面出现间断裂纹,两段裂纹沿同一母线,与图 3-17 结果一致。

　　(a) 实验一　　　　　　(b) 实验二　　　　　　(c) 实验三　　　　　　(d) 实验四

图 3-20　柔轮的损伤形态图集

图 3 - 21 中,实验五的柔轮裂纹较短,其主要损伤表现为筒体内壁磨损,磨损区域与图 3 - 18 的主应力区域重合;实验六的裂纹扩展路径与图 3 - 18 吻合。

（a）实验五　　　　　　　　　（b）实验六

图 3 - 21　柔轮的损伤形态图集

分析裂纹路径与仿真结果可知,柔轮裂纹扩展经历以下几个阶段:

（1）沿齿圈母线开裂。在齿圈区域,受柔轮齿形的限制,波发生器长轴处对柔轮的径向变形作用大于转矩造成的轴向变形作用,裂纹沿轴向径直开裂。实际上由于轮齿间隙比轮齿较薄,裂纹在齿根处开裂沿柔轮母线至齿圈结束位置。

（2）沿筒体周向开裂。裂纹扩展至无齿区域,受轮齿形状限制减弱,裂纹沿扭转方向开裂,扩展路径第一次出现明显偏折。由应力云图可知,筒体中段为应力较小区域,相比于齿圈和筒底,裂纹轴向扩展趋势明显,扩展路径第二次出现明显偏折。实际裂纹在扩展至此段时也都出现了不同程度的偏折。

（3）裂纹沿凸缘偏折。裂纹扩展至凸缘处时,再次进入应力较大区域,主要裂纹类型逐渐由Ⅲ型裂纹变为Ⅰ型裂纹。裂纹向端面的应力较大位置偏折。

3.5　基于 VA One 的簇绒地毯织机声学建模及分析

簇绒地毯织机功能结构复杂,存在多个噪声源。噪声的存在不仅直接影响设备本身的使用寿命,还会对纺织工人的身心健康造成一定的危害。高频噪声更是会持续引发纺织工人的血管紧张度增加,产生高血压等问题。

针对簇绒地毯织机高频噪声的问题,选择适用于高频噪声研究的 SEA 方法对其进行研究。SEA 方法是结合统计的思想,运用能量的观点,对复杂结构在外部激励作用下的响应情况进行分析预测。利用振动能量表征系统的基本振动参数,根据振型以及振动波形之间的关联,建立系统内部各子系统之间的耦合关系。从时间、频率、空间多维度对系统各子系统之间的能量流动关系进行分析。在未掌握研究系统详细情况的基础上,仍能运用该方法对系统动力响应进行预测。本案例应用 SEA 方法原理,建立簇绒地毯织机 SEA 模型,研究织机在不同频域内的振型数,确定高频噪声分析频段;计算簇绒地毯织机 SEA 模型仿真后高频噪声的声压级,并与噪声采集平台获得的簇绒地毯织机实际工作时高频噪声声压级进行对比,验证簇绒地毯织机 SEA 模型的准确性,为高频噪声的理论抑制提供较为精确的模型。

3.5.1 声学模型建立

簇绒地毯织机如图 3-22 所示,主要由平圈送纱模块、提花模块、耦联轴系模块、主轴曲柄机构以及外部腔体等部分组成,具有复杂的内部结构。

根据建模条件和原则,建立簇绒地毯织机的 SEA 几何模型如图 3-23 所示。该模型将簇绒地毯织机共划分为 9 个子系统模块,包括方形平板件以及不规则形状的平板件。

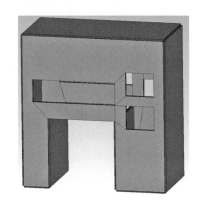

图 3-22　簇绒地毯织机　　　　　图 3-23　簇绒地毯织机 SEA 几何模型

由于织机运转过程中,存在高速往复、回转、多运动耦合的复杂工况,从而使噪声源不止一个。运用 SEA 方法计算获得的声腔声压级则是簇绒地毯织机各处噪声源所产生的噪声之和。以《纺织机械噪声测试规范　第 6 部分:织造机械》(GB/T 7111.6—2002)中要求"织机的噪声测试点须距机器表面 1 m,距地面或工作台高度 1.6 m"为依据,在簇绒地毯织机 SEA 几何模型基础上划分了距簇绒地毯织机 1 m 范围内的工人工作区域声腔以及距簇绒地毯织机 1 m 范围外的其他工作区域声腔,建立了 SEA 声腔模型,如图 3-24 所示。

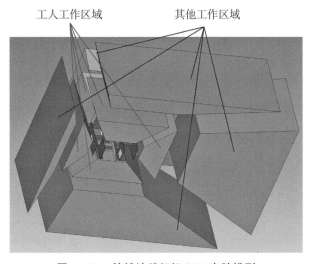

图 3-24　簇绒地毯织机 SEA 声腔模型

在建立了簇绒地毯织机 SEA 模型并确定高频噪声分析频率范围后,需要对 SEA 模型的三个影响仿真结果的参数进行计算分析,包括子系统的模态密度、内损耗因子以及子系统间的耦合损耗因子,并将这些参数与模型关联起来,进而使整个簇绒地毯织机 SEA 模型的特性与实际簇绒地毯织机的特性相匹配。

1) 模态密度

模态密度是 SEA 方法中用于表达系统储存能量能力大小的物理量,表征子系统受外界激励影响而导致振动发生的一种能力。依据簇绒地毯织机 SEA 模型可知各子系统的结构性质均为二维平板系统。

二维板件的弯曲振动模态数为

$$N(K_B) = \frac{A_p K_B^2}{4\pi} \tag{3-23}$$

式中,$A_p = l_1 l_2$ 为二维平板表面积,其中 l_1、l_2 分别为二维平板件的长和宽;K_B 为二维平板弯曲波波数。

二维平板系统的模态密度 $n(f)$ 可依据下式进行计算:

$$n(f) = \frac{A_p}{2RC_1} \tag{3-24}$$

式中,R 为弯曲回转半径;C_1 为平板的二维纵向波数:

$$R = h/2\sqrt{3} \tag{3-25}$$

$$C_1 = \sqrt{E/\rho(1-\mu^2)} \tag{3-26}$$

由式(3-24)可以看出,二维平板结构的模态密度与频率的大小无关,而是恒定的。故在各个频率带宽内,同一子系统的模态密度始终保持不变。

2) 内损耗因子

内损耗因子是在单位时间内子系统单位频率下的损耗能量与平均储存能量的比值。一般用其代表 SEA 模型中子系统的阻尼损耗特性,关系式如下:

$$\eta = \frac{P_d}{\omega E} = \frac{1}{2\pi f} \frac{P_d}{E} \tag{3-27}$$

式中,P_d 为子系统损耗功率;E 为子系统储存的能量。对组合结构而言,子系统 i 的内损耗因子 η 主要由三种互相独立的部分构成,即

$$\eta = \eta_{is} + \eta_{ir} + \eta_{ib} \tag{3-28}$$

式中,η_{is} 为由摩擦构成的结构损耗因子;η_{ir} 为振动声辐射阻尼形成的损耗因子;η_{ib} 为边界连接阻尼构成的损耗因子。

对于簇绒地毯织机,边界连接阻尼所形成的损耗因子 η_{ib} 对规则板件的影响非常小,可忽略不计。此外,簇绒地毯织机各子系统组成成分均为铸铁,且 η_{is} 可通过查阅材料手

册获得。因此,簇绒地毯织机 SEA 模型中各子系统存在由摩擦构成的结构损耗因子 $\eta_{is} = 1.0 \times 10^{-3}$。

子系统 i 的声辐射损耗因子为

$$\eta_{ir} = \eta_{ij} = \frac{\rho_{o} C \sigma_{ir}}{\omega \rho_{s}} \qquad (3-29)$$

式中,ρ_s 为板件面积质量密度;σ_{ir} 为结构辐射比。

经过计算,簇绒地毯织机正面板、背面板、左侧板右侧板、顶板、底板 1、底板 2、内侧板 1、内侧板 2 的损耗因子如图 3 - 25 所示。从图 3 - 25 中可以看出,内损耗因子随频率的增加而减小。

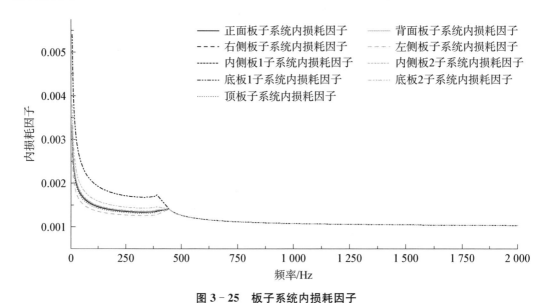

图 3 - 25 板子系统内损耗因子

3) 耦合损耗因子

耦合损耗因子在 SEA 方法中表征两个互相耦合的子系统的振动能量传递损耗。在子系统间能量进行传递时,子系统相互作用产生的影响使子系统间发生耦合,从而使能量从直接受到激励的子系统传输到被间接激励的子系统。

子系统 i 和子系统 j 间存在如下功率损耗关系:

$$P_{ij} = \omega \eta_{ij} E_{i} \qquad (3-30)$$

$$P_{ji} = \omega \eta_{ji} E_{j} \qquad (3-31)$$

因此,子系统 i 和子系统 j 间耦合损耗因子可表示为

$$\eta_{ij} = \frac{\rho_{o} C \sigma}{\omega \rho_{s}} \qquad (3-32)$$

经过计算,簇绒地毯织机正面板、背面板、左侧板、右侧板、顶板、底板 1、底板 2、内侧板

1、内侧板 2 的耦合损耗因子如图 3-26 所示。从图 3-26 中可以看出，耦合损耗因子随频率的增加而减小。

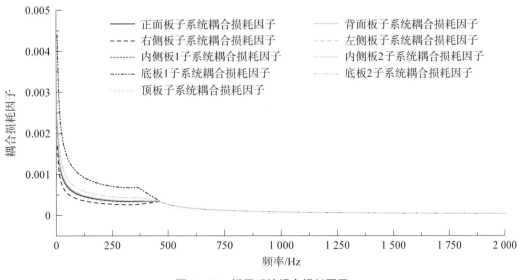

图 3-26　板子系统耦合损耗因子

3.5.2　噪声响应分析

在建立了簇绒地毯织机 SEA 模型并确定了高频噪声分析频率范围以及特性参数后，还需要对簇绒地毯织机 SEA 模型的外部激励进行确定。然而，由于簇绒地毯织机外部激励种类较多，依据实验可行性，选择通过实验测量簇绒地毯织机振动加速度的方式综合表达其外部激励情况。

对簇绒地毯织机正面板以及背面板划分共计 36 个振动加速度测点，并将 PCB 传感器依次安放至各测点，采样频率为 5 kHz，采样时间为 6 s，电机恒速转动为 5.8 r/s。每个测点采集 5 组振动加速度数据，以确保实验的有效性以及稳定性。将各测点所测得的五组数据进行平均，并通过 FFT 将时域下各振动加速度转变为如图 3-27 所示频域下的振动加速度激励谱。

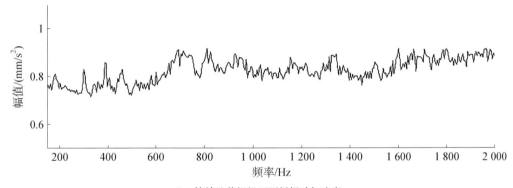

（a）簇绒地毯织机正面板振动加速度

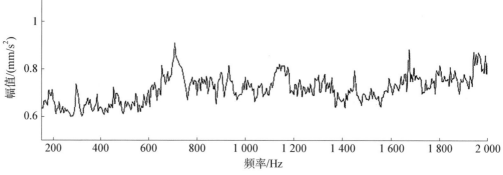

（b）簇绒地毯织机背面板振动加速度

图 3-27 簇绒地毯织机振动加速度激励谱

为了方便运用 VA One 软件对簇绒地毯织机 SEA 模型进行仿真分析，需要获取其加速度级。加速度级计算有如下公式：

$$La = 20\lg \frac{a}{a_\circ} \tag{3-33}$$

式中，La 为加速度级（dB）；a 为实际声压（m/s²）；$a_\circ$ 为基准加速度，取值通常为 1×10^{-6} m/s²。簇绒地毯织机正面板以及背面板的加速度级谱如图 3-28 所示。从图中可以看出，在 200～2 000 Hz 的频率范围内，激励大小均分布在 115～120 dB 范围内，且上下浮动差别不大。

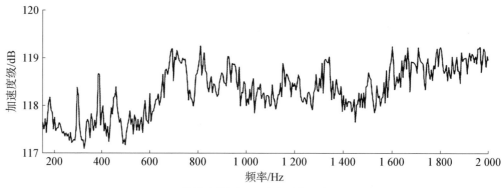

（a）簇绒地毯织机正面板振动加速度级

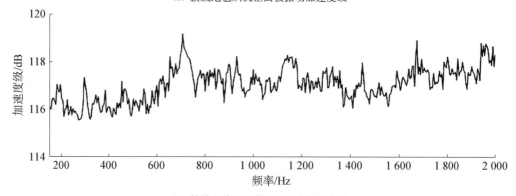

（b）簇绒地毯织机背面板振动加速度级

图 3-28 簇绒地毯织机振动加速度级

　　将加速度级谱作为外部激励依次施加于簇绒地毯织机 SEA 模型上后，完成簇绒地毯织机完整 SEA 模型的建立。基于簇绒地毯织机 SEA 模型及各子系统输入参数，仿真分析外部激励下的噪声响应情况。设置簇绒地毯织机组成材料的密度、弹性模量、泊松比等参数，经统计能量分析方法仿真计算，得到簇绒地毯织机 SEA 模型中各声腔的声压级情况，如图 3-29 所示。

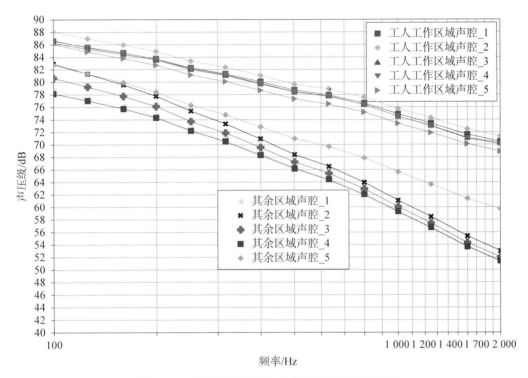

图 3-29　簇绒地毯织机 SEA 模型噪声仿真曲线图

　　从图 3-29 中可以看出，簇绒地毯织机噪声声压级随频率的增大而逐渐减小，其中工人工作区域声压级均高于其他工作区域声压级（图中曲线分为上、下两部分，上部为工人工作区域声腔，下部为其余区域声腔）。同时，工人工作区域声压级在 800 Hz 以内均高于标准限值 75 dB；800～2 000 Hz 频率范围内，工人工作区域声压级虽低于标准限值 75 dB，但高频噪声仍会对簇绒地毯织机的使用寿命以及工人身心健康造成危害。其他工作区域由于距簇绒地毯织机 1 m 以外，因此噪声声压级高于标准限值 75 dB 的频段较低，仅 200 Hz 以内。

3.5.3　实验验证

　　图 3-30 所示为簇绒地毯织机实际工作噪声声压级谱。为了验证簇绒地毯织机 SEA 模型的准确性，需要将仿真获得的簇绒地毯织机高频噪声声压级情况与实验测得的簇绒地毯织机高频噪声声压级进行对比，如图 3-31 所示。

　　由图 3-31 可知，依据统计能量分析法获得的高频噪声声压级仿真结果与实验测量实

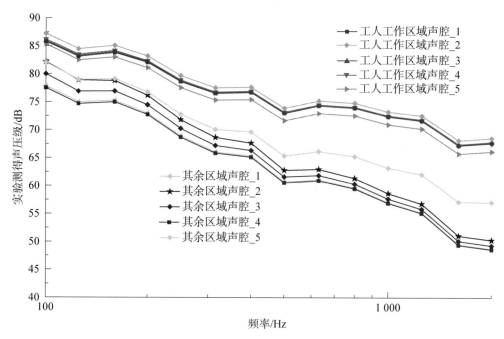

图 3 - 30　簇绒地毯织机实际工作噪声声压级谱

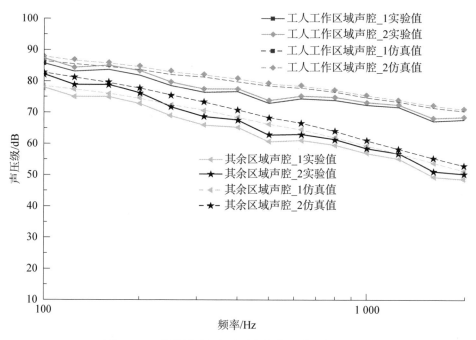

图 3 - 31　簇绒地毯织机实验数据与仿真数据对比图

际高频噪声声压级结果较为吻合,准确度高。在 $500\sim2\,000\,\text{Hz}$ 的高频范围内,仿真误差小于 $6\,\text{dB}$;其中两者在 $500\,\text{Hz}$ 时相差最大,为 $5.66\,\text{dB}$。在 $500\,\text{Hz}$ 之后的高频段内,实验值与仿真值更加吻合,即统计能量分析法在高频段噪声处更精确。由此验证了簇绒地毯织机 SEA 模型的有效性以及准确性。

　　同时,由于纺织行业修订的《数字化簇绒地毯织机》(FZ/T 94056—2010)中规定簇绒地毯织机的工作噪声声压级限值为 75 dB。然而,依据图 3-30 和图 3-31 可以看出,随着频率的增大簇绒地毯织机噪声声压级逐渐减小,但其值仍在标准限值以上。因此,对簇绒地毯织机噪声进行抑制十分有必要。

第4章
复杂机械系统的声振控制

4.1 概　　述

　　复杂机械系统零件单元较多，各零件运行时难免存在不平衡与尺寸偏差的问题，产生的交变机械作用力使系统零件产生振动与噪声。振动和噪声是复杂机械系统的常见问题，对于机械系统的性能、可靠性和使用寿命都有着重要的影响。通过声振控制，可以减少机械系统的振动、噪声及多余能耗，提高系统的稳定性、可靠性和工作效率。噪声与振动作为机械设备的重要指标，世界各国工业领域对此均有严格要求，利用声振控制使复杂机械系统噪声与振动尽可能处于最低水平，对机械设备的质量、产品销售具有重要意义。

　　本章从振动与噪声的源头、传递路径、目标点三个方面展开分析，通过实际案例阐述了声振控制原理及方法。以宽重型织机和卫星动量轮为例，进行微振动模型构建、噪声源识别定位和传递路径分析。首先，对宽重型织机的噪声源特性及振动特性进行分析，采用基于 MEEMD_AIC 的噪声源识别方法对宽重型织机噪声源进行分离，根据织机机件的振动特征分析结果对噪声源进行识别。然后，利用声全息技术对织机噪声源进行可视化定位。最后，采用快速传递路径分析（transfer path analysis, TPA）方法对宽重型织机的传递路径进行分析，实现了宽重型织机主传递路径辨识。针对卫星微振动问题，对卫星的主要振源动量轮进行微振动建模，并对动量轮到目标点相机的传递路径进行分析。

4.2　声振控制原理

　　噪声是由振动产生的，机械结构振动时发出声音传递给人们，在人和机械的接触位置，振动问题往往被归类为噪声问题。根据噪声传播的特点，可以从噪声源、噪声传播途径和接收噪声三个方面进行控制，从而达到抑制噪声的目的。针对声源处的噪声控制，为了能够制定合理的降噪措施，必须清楚掌握每个声源的特性及其在总噪声的权重，对主要声源产生部位进行定位识别，依据噪声源具体分布规律而有针对性地采取控制策略。众多噪声源经多系统耦合的复杂路径，将噪声传递到接收端（人耳、设备终端等），可在传播途径中进行减振降噪处理。对于噪声接收端，可通过人工耳塞或安装终端隔振器等方式抑制噪声和振动。

1) 噪声源的识别定位方面

在噪声源的识别定位方面,根据观测机械系统的混合输出噪声信号,通过不同信号处理方法从混合信号中分离和识别定位噪声源,主要包括传统噪声源识别技术、基于现代信号分析处理的识别技术和新兴的基于传声器阵列识别技术三类。

(1) 传统噪声源识别技术。主要包括主观评价法、近场测量法、选择运行法、选择覆盖法和表面振速测量法等,其特点是只适用于比较明显的噪声源识别,应用受到较多限制。对具有多源空间分布特性的高端纺织装备而言,织造过程中存在多部件协同运动,通过选择运行或覆盖等方法需要将部分结构暂停工作,在实际过程中难以实现。

(2) 基于现代信号分析处理的识别技术。主要包括时域法、频域法、时频分析法和盲源分离法等。其中,时域法可以直观地识别出噪声信号的幅值与周期信息;频域法适用于对平稳噪声信号的频域特征信息进行识别;时频分析方法可以对信号的频谱成分随时间变化特征进行研究,常用算法包括短时傅里叶变换、小波变换等;盲源分离法可在输入信号未知时,只由观测到的输出信号即可提取统计独立的信号特征,以达到辨识系统、对多个信号分离的目的,但前提是需要一定的先验知识。

(3) 基于传声器阵列识别技术。主要包括声强测试、波束成形和声全息测试法,其主要特征是利用网格面对噪声源的辐射面进行重构,分析测量面上的声场分布,达到定位噪声源的目的。其中,波束成形和声全息测试方法具有识别快、定位准等优点。

2) 噪声的传播途径方面

在噪声的传播途径方面,可以通过 TPA 方法对机械系统的各噪声传递路径的能量进行排序,实现主要噪声源辨识。该方法以实验为基础,把路径贡献量和结构响应联系起来解决振动及噪声问题,便于在系统测试初期快速有效地找出关键传递路径及重要路径参数。目前,在解决车辆和船舶的乘坐舒适性以及水下航行器的声隐身性问题上得到广泛应用。通过传播途径控制噪声的方式主要有两大类:主动降噪方式和被动降噪方式。其中,主动降噪方式目前仍处于发展阶段,仅应用于工况相对简单的领域以及模态密度较低的产品上,且更适用于低频噪声的抑制研究,而对工况复杂的领域及模态密度较高的设备噪声抑制研究的应用相对较少。被动降噪方式更适用于设备工况复杂、噪声环境空间区域较大、设备模态密度较高的情况,运用吸声与隔声技术,以声学包装方式实现噪声抑制。

4.3 基于 MEEMD 算法的织机噪声源定位及传递路径分析

宽重型织机机械系统较为复杂、零件较多,在工作过程中会产生较高的噪声。在一些降噪措施较为薄弱的纺织工厂内,宽重型织机产生的噪声高达 104 dB,这个噪声强度已远超 2013 年国家所规定的生产车间噪声限值 85 dB。这将导致纺织工厂产生严重的噪声污染,影响纺织工人的身心健康。此外,过大的噪声会引发机器零部件的振动,造成机件磨损,进而使机器整体精度降低,增加纺织产品的坏件率,使织机寿命缩短等,最终增加纺织工厂生产成本和维护成本。针对宽重型织机的噪声问题,本案例对宽重型织机噪声源识别、定位及传递路径进行分析，并针对性地提出减振降噪的方案，以期解决宽重型织机的噪声问题。

　　本案例实验对象为卡尔迈耶公司生产的 3.5 m 双针床宽重型织机，其运行噪声远高于 85 dB，需要进行降噪处理，为此展开噪声分析。实验工况基于宽重型织机成圈机构主轴转速为 300 r/min 的运行工况进行信号采集。依照《纺织机械噪声测试规范　第 6 部分：织造机械》中的规定，将声压传感器布置在距机器表面 1 m，距工作台高度 1.6 m 的位置。

　　实验器械采用丹麦 Brüel & Kjær 公司的 BK4961 声压传感器，结合美国国家仪器有限公司的 NI-9234C 系列声音与振动输入模块和对应的 LabVIEW 数据采集程序进行工人耳旁噪声信号的采集。采样频率设置为 8192 Hz，采样时间设置为 8 s，并进行 6 次实验以减少实验误差，实验现场布置如图 4-1 所示。

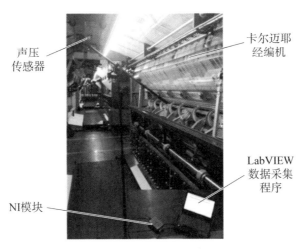

图 4-1　噪声测试现场布置图

　　采集工人耳旁噪声信号，截取 5～6 s 内的数据样本作为分析对象。已知声压级计算公式为

$$Lp = 20\lg(P/P_0) \tag{4-1}$$

式中，Lp 为声压级(dB)；P 为声压(Pa)；P_0 为参考声压，空气中参考声压为 20 μPa。选取合适的窗函数，对工人耳旁噪声信号进行短时傅里叶变换，得到信号时频图如图 4-3 所示。

　　从图 4-2 中明显可以看出，噪声信号噪声源不止一个：400～600 Hz 间信号随时间变化明显，且呈现一定的周期性，与主轴转动周期一致；200～300 Hz 间信号也随时间变化，但周期性不明显，仅勉强能看出 1 s 内 5 次的频率变化，且其频率成分更加复杂；100 Hz 左右信号随时间变化不明显，可能为一直不变的稳定信号；0～50 Hz 间信号特征与时间的关系也不明显，但与 100 Hz 左右的信号有着明显区别，显然不是同一噪声源信号。

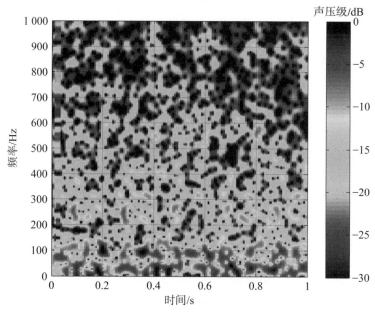

图 4-2　信号时频图

4.3.1　噪声源识别定位

　　宽重型织机是一种复杂机械设备,机件内部噪声源众多,噪声传递路径繁杂,传递路径间仍存在声场叠加问题,想要采用单一分析方法对噪声源识别定位较为困难,因此实现噪声源识别定位需要对宽重型织机进行逐步分析。本案例基于 MEEMD_AIC 方法对宽重型织机的噪声源进行分离,结合宽重型织机各机件的振动特性,实现噪声源识别。在此基础上,本案例提出基于声全息技术的噪声源定位方法,使用贝叶斯(Bayesian)法、迭代加权最小二乘(iteratively reweighted least squares, IRLS)算法和最速下降迭代等效源算法(the steepest descent iterative equivalent source method, SDIESM)对宽重型织机的噪声源绘制声压云图,实现噪声源定位。

4.3.1.1　基于 MEEMD_AIC 的织机噪声源识别

1) MEEMD_AIC 方法

　　宽重型织机噪声源众多,单通道工人耳旁噪声可经多元集合经验模态分解(multivariate ensemble empirical mode decomposition, MEEMD)为多个本征模函数(intrinsic mode function, IMF)分量,将欠定盲源分离问题转换为过定盲源分离问题,由于 MEEMD 分解过程中添加了白噪声参与辅助分析,因此得到的 IMF 分量中既包含有效分量,也包含一定的虚假分量。本案例将 MEEMD 算法与基于协方差矩阵对角加载的池信息量准则(Akaike information criterion, AIC)相结合,提出了 MEEMD_AIC 噪声源分离与识别方法,该方法首先对单通道原始观测信号进行 MEEMD 分解,然后将得到的各 IMF 分量视为新的观测信号,选用基于协方差矩阵对角加载的 AIC 准则进行源数估计,得到信号分解后有效分量的个数,再结合能量特征评价指标和皮尔逊相关系数法筛选出有效分量,最后对筛选出的有效分量逐一进行时频分析,结合宽重型织机各机件振动特征,最终实现经编机噪声源的分离与识别。

MEEMD_AIC 方法的核心是 MEEMD 算法与特征值校正后的 AIC 准则,MEEMD_AIC 算法流程示意图如图 4-3 所示,具体步骤如下:

步骤一:将单通道观测信号 $x(t)$ 进行 MEEMD 分解,得到有限个(m 个)IMF 分量。

步骤二:信号经过 MEEMD 分解后,得到 IMF 分量矩阵 $D = [d_1(t), d_2(t), \cdots, d_m(t)]$。对矩阵 D 的协方差矩阵进行奇异值分解,即可得到 IMF 分量对应的 m 个特征值 $\lambda_1 \geqslant \lambda_2 \geqslant \cdots \geqslant \lambda_m$。

经 MEEMD 分解后的 IMF 分量矩阵 D 的协方差矩阵定义为

$$R_{\mathrm{imf}} = E[DD^{\mathrm{H}}] \tag{4-2}$$

R_{imf} 进行奇异值分解后,变为

$$R_{\mathrm{imf}} = V_s \Lambda_s V_s^{\mathrm{T}} + V_b \Lambda_b V_b^{\mathrm{T}} \tag{4-3}$$

式中,主特征值 $\Lambda_s = \mathrm{Diag}\{\lambda_1 \geqslant \lambda_2 \geqslant \cdots \geqslant \lambda_n\}$;矩阵 Λ_b 是 $m-n$ 个噪声特征值,$\Lambda_b = \mathrm{Diag}\{\lambda_{n+1} \geqslant \lambda_{n+2} \geqslant \cdots \geqslant \lambda_m\} = \sigma^2 I_{m-n}$;$R_{\mathrm{imf}}$ 的 $m-n$ 个最小特征值理论上等于 σ^2。

步骤三:利用基于协方差矩阵对角加载的 AIC 准则,通过最小化目标函数 AIC,完成有效 IMF 分量数的估计。最小的 AIC 值对应的 k 值即为有效分量的个数 n。

步骤四:结合能量特征指标和皮尔逊相关系数法,分别计算各阶 IMF 分量的总能量以及各阶 IMF 分量与原始信号的相关系数,对信号分解后得到的所有 IMF 分量重新排序,从而找出相关特征指标最大的 n 个有效分量。

步骤五:对 n 个有效分量依次进行时频分析,完成噪声源识别。

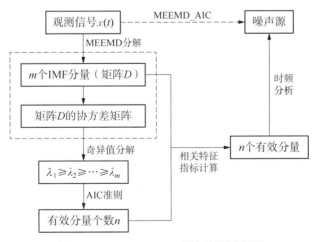

图 4-3　MEEMD_AIC 算法流程示意图

2) 宽重型织机噪声的 MEEMD 分解

对采集到的工人耳旁噪声信号进行 MEEMD 分解,为消除多余噪声影响,进行两次 MEEMD 分解。第一次添加的白噪声幅值为噪声信号均方根值的 0.2 倍,集总平均 200

次,第二次消除内部噪声干扰后,添加白噪声信号均方根值为待分解信号的 0.6 倍,集总平均 200 次,最终得到如下 9 阶 IMF 分量,分解结果如图 4 - 4 所示。

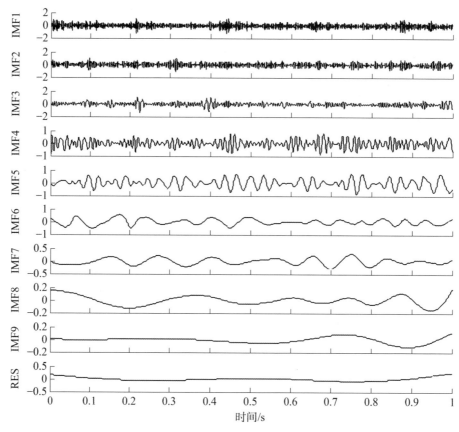

图 4 - 4　MEEMD 分解结果

3) 有效分量估计及筛选

为估计宽重型织机噪声有效分量数,对 IMF 分量矩阵的协方差矩阵进行奇异值分解,得到 9 个特征值:0.1209,0.1108,0.1020,0.0880,0.0740,0.0515,0.0151,0.0054,0.0022。计算特征值校正后的 AIC 值,结果如图 4 - 5 所示。最小的 AIC 值对应的 $k = 6$,

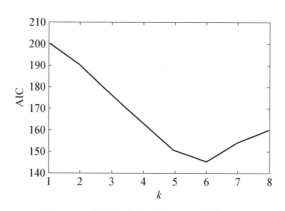

图 4 - 5　宽重型织机噪声 AIC 计算结果

因此有效分量的数目估计值为 6。

结合能量特征评价指标和皮尔逊相关系数法,分别计算各阶 IMF 分量的总能量以及各阶 IMF 分量与原始信号的相关系数,计算结果见表 4 - 1。

表 4 - 1　所有 IMF 分量计算结果

分量	IMF1	IMF2	IMF3	IMF4	IMF5	IMF6	IMF7	IMF8	IMF9
总能量/Pa^2	220	175	161	196	238	101	32	11	5
相关系数	0.439	0.406	0.403	0.447	0.406	0.317	0.179	0.045	0.028

由表 4 - 1 可知,IMF1～IMF6 分量的总能量和相关系数均较大,已知宽重型织机经 MEEMD 分解后的有效分量个数为 6,因此 IMF1～IMF6 分量为有效分量;而 IMF7～IMF9 的总能量和相关系数很小,为虚假分量。

4) 有效分量特征分析

对宽重型织机噪声的前 6 阶有效分量进行快速傅里叶变换,获取各分量频谱图,如图 4 - 6 所示。

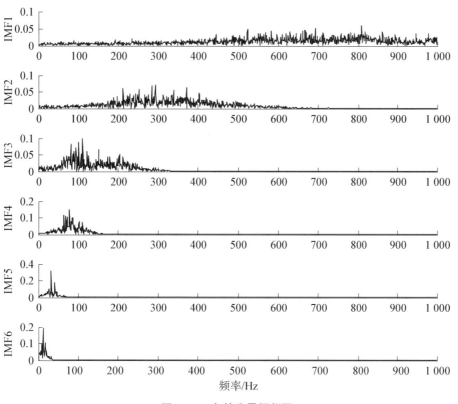

图 4 - 6　有效分量幅频图

对比各有效分量幅频图可以看出,IMF1 分量与 IMF2 分量的频率分布较广,但幅值较小,与高斯白噪声的信号特征相似。为证明宽重型织机噪声的 IMF1 分量、IMF2 分量与高斯白噪声之间的关系,对白噪声进行 MEEMD 分解。针对织机与白噪声的两组 IMF1 分量、IMF2 分量,选取合适的窗函数进行短时傅里叶变换,得到各自的时频图如图 4 - 7 所示。从图 4 - 7 中可以看出,两个 IMF1 分量时频特征完全一致;两个 IMF2 分量虽然频率分布上略有差异,但整体特征相似,不影响分析结果。因此可以判定,宽重型织机噪声的 IMF1 分量与 IMF2 分量均是无对应噪声源部件的噪声分量。

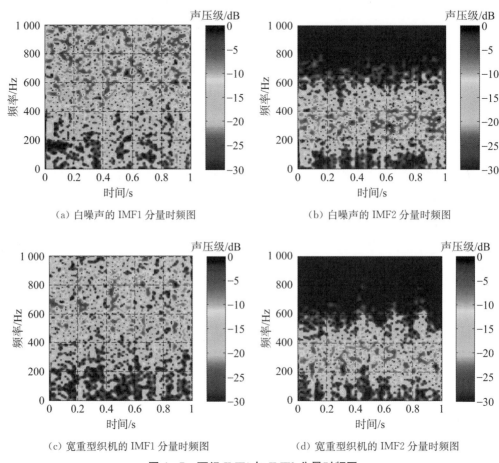

(a) 白噪声的 IMF1 分量时频图   (b) 白噪声的 IMF2 分量时频图

(c) 宽重型织机的 IMF1 分量时频图   (d) 宽重型织机的 IMF2 分量时频图

图 4 - 7 两组 IMF1 与 IMF2 分量时频图

图 4 - 8 为有效分量 IMF3 和 IMF4,IMF3 分量频率成分主要在 300 Hz 以下,主要频率分布在 100 Hz 左右,频率随时间变化的冲击特征明显;图 4 - 8b 显示,IMF4 分量频率主要分布在 50~100 Hz 之间,信号频率随时间变化特征不明显,信号稳定。

5)噪声源识别

为了分析其余有效特征分量对应的噪声来源,对宽重型织机的各噪声源部件进行振动特性分析,将其与噪声分布规律对比,实现整体结构的噪声源识别。

(1)牵拉卷取电机振动特征分析与信号识别。整个宽重型织机系统由多台电机协调配合驱动,包括成圈机构中的主轴电机、牵拉卷取机构中的电机、送经机构中控制每个经轴转动的电机以及电子式梳栉横移机构中的伺服电机等。本案例对离工人工作位置较近且功率较大的牵拉卷取电机的振动信号进行采集,牵拉卷取电机振动特征如图 4-9 所示。

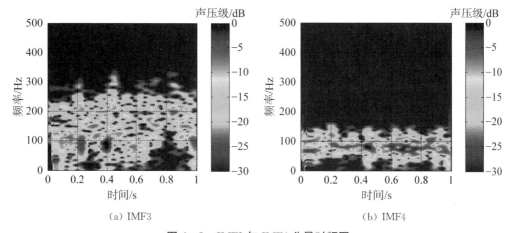

（a）IMF3　　　　　　　　　　　　　　　　（b）IMF4

图 4-8　IMF3 与 IMF4 分量时频图

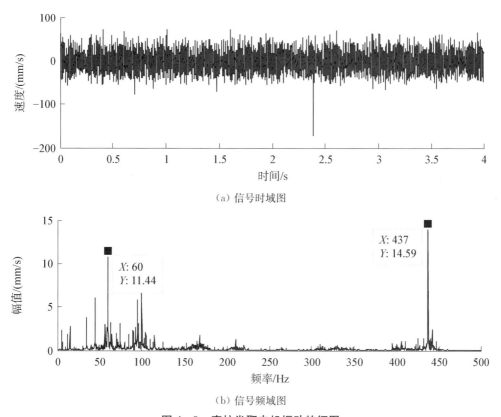

（a）信号时域图

（b）信号频域图

图 4-9　牵拉卷取电机振动特征图

图 4-9 中牵拉卷取电机的振动信号在 2.4 s 左右出现了一个偏离整体信号的极值,分析牵拉卷取机构特征,宽重型织机在编织过程中,牵拉卷取机构应运行平稳,电机振动特征应不随时间的变化而变化,因此不予以特殊考虑。信号频域图（图 4-9b）显示,牵拉卷

取电机主要频率为 60 Hz 和 437 Hz,其中 60 Hz 为主轴转速的 12 倍频。

从图 4-9 中可以看出,牵拉卷取电机振动信号不止一个激励源,对该信号进行 MEEMD 分解,添加白噪声幅值为原始信号均方根值的 0.2 倍,集总平均 200 次。信号分解后的前 6 阶 IMF 分量幅值相对较大,经过 FFT,得到前 6 阶 IMF 分量的幅频图如图 4-10 所示。

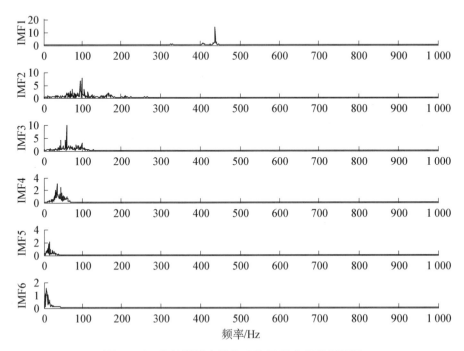

图 4-10　牵拉卷取电机前 6 阶 IMF 分量的幅频图

其中,IMF2 与 IMF3 的时频图如图 4-11 所示。

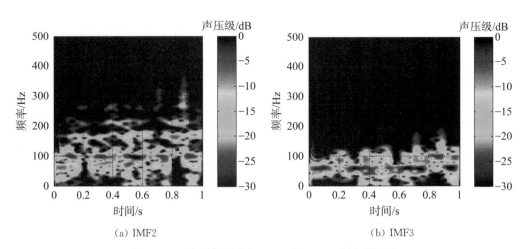

| （a）IMF2 | （b）IMF3 |

图 4-11　牵拉卷取电机 IMF2 与 IMF3 分量时频图

对比图 4-11b 和图 4-8b 发现,牵拉卷取电机振动信号分解得到的 IMF3 分量与宽重型工人耳旁噪声信号分解得到的 IMF4 分量时频特征吻合。分析宽重型织机结构可知,牵拉卷取电机控制牵拉辊,该轴相对其他宽重型织机机件来说,较粗较长,其自身振动极易成为宽重型织机整体噪声的一个噪声源。因此,宽重型织机噪声信号的 IMF4 分量所示噪声即为牵拉辊振动所产生的噪声。

（2）背景噪声特征分析与信号识别。在机器停止运行时,对工厂内的背景噪声采用同样方法进行信号采集,并选取其中较为典型的一组数据进行 MEEMD 分解,添加白噪声幅值为原始信号均方根值的 0.2 倍,集总平均 200 次,分解结果中前 6 阶 IMF 分量的幅频图如图 4-12 所示。

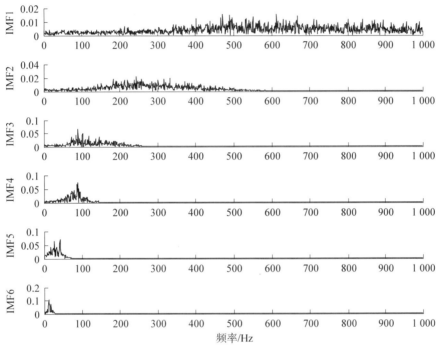

图 4-12　背景噪声 MEEMD 分解结果

其中,IMF3 分量的时频图如图 4-13 所示。对比图 4-13 与图 4-8a 发现,两者频率

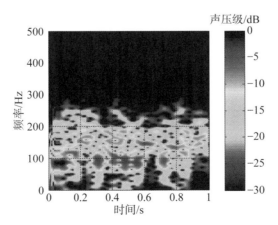

图 4-13　背景噪声 IMF3 分量时频图

分布相似,且信号频率特征均随时间变化而变化。因此,宽重型织机噪声的 IMF3 分量也来自背景噪声。

(3) 其余有效分量信号识别。以上分析得到了宽重型织机噪声分量的前 4 阶分量噪声来源,接下来分析 IMF5 分量与 IMF6 分量。由图 4-6 中可以看出,IMF5 分量与 IMF6 分量信号随时间变化特征不明显,可视为时不变信号。因此,为了更准确地定位 IMF5 与 IMF6 分量所示噪声源,利用其幅频图进行分析,将 IMF5 分量与 IMF6 分量幅频图在频率轴上进行放大,得到图 4-14。其中,IMF5 分量主要频率为 35 Hz 和 45 Hz。

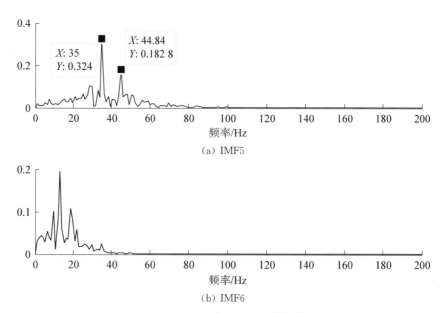

图 4-14　IMF5 与 IMF6 分量幅频图

通过对宽重型织机各机件的振动特征分析,梳栉横移机构中推杆的主要振动频率为 35 Hz,成圈机构主轴电机振动主要频率为 45 Hz。由此可知,IMF5 分量中存在模态混叠,这是由于在 MEEMD 分解过程中添加了白噪声参与计算,使该分解呈现二进制滤波器组特性而导致的。因此,IMF5 分量所示噪声为成圈机构主轴振动噪声和梳栉横移推杆振动噪声的叠加。

图 4-14 中 IMF6 分量的频率主要分布在 20 Hz 以下,人耳所能听到的声音频率范围为 20 Hz～20 kHz,该分量所示噪声不是真实的人耳能听到的噪声分量,无须对其进行噪声源识别。

4.3.1.2　基于声全息技术的噪声源定位

1) 等效源法近场声全息原理

等效源法近场声全息的基本思想是:任何振动体辐射的声场,可以等效于该振动体内部的一系列等效源产生的声场叠加,这种等效源的源强可以通过匹配振动体表面的法向振速得到。等效源的获取决定近场声全息的精度,此过程需要求解不适定病态方程,测量误差或环境干扰均会造成声场重建结果失真。

与统计最优近场声全息（statistically optimized near-field acoustic holography, SONAH）相似，传统等效源法近场声全息依托 Tikhonov 正则化方法来求解病态方程，从而降低算法不适定性，获得精确的等效源强度。通常，基于 Tikhonov 正则化方法的等效源法近场声全息被称为 TRESM 算法。考虑到本案例是对实际噪声环境下的宽重型织机噪声源识别方法的探索，因此将稳健性较好的广义交叉验证法应用到等效源法近场声全息的正则化参数选取过程中。

案例中引入 Bayesian 正则化准则、IRLS 算法以及 SDIESM 算法，计算精确的声强级值和分辨率，进一步提高噪声源位置预测的准确性。在中低频条件下，采用 Bayesian 法进行最优化参数选择，并在不同环境配置下与 TRESM 进行重构结果对比。分析 Bayesian 法、IRLS 算法和 SDIESM 算法在宽频带内的声场重建性能。

等效源法近场声全息技术通过阵列全息面测量所得声压数据，反向求解各等效源源强，在声学量重建的稳定性方面具有较大的优势。其中，等效源面、声源面、重建面和全息面的空间位置关系如图 4-15 所示。

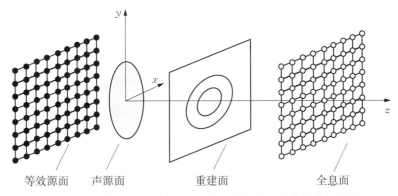

图 4-15　等效源面、声源面、重建面和全息面的空间位置关系

假设在全息面上测量 M 个点的复声压数据，在声源面布置 N 个等效源，则全息面声压可用矩阵形式表示为

$$\boldsymbol{P}_{\mathrm{H}} = \dot{\boldsymbol{G}}\boldsymbol{Q} \tag{4-4}$$

式中，$\boldsymbol{P}_{\mathrm{H}} = [p(\boldsymbol{r}_{\mathrm{H1}}), p(\boldsymbol{r}_{\mathrm{H2}}), \cdots, p(\boldsymbol{r}_{\mathrm{HM}})]^{\mathrm{T}}$ 表示阵列全息面测量得到的声压数据；$\dot{\boldsymbol{G}}$ 表示全息面声压与等效源源强之间的传递矩阵；$\boldsymbol{Q}$ 表示等效源强度列向量。其中，$\dot{\boldsymbol{G}}(m, n)$ 表示第 n 个等效源与第 m 个传声器之间的传递算子，可表示为

$$\dot{\boldsymbol{G}}(m, n) = \mathrm{i}\rho c k \, \mathrm{g}(r_m, r_n) \tag{4-5}$$

式中，ρ 为空气密度；c 为声速；k 为波数；r_m 为第 m 个测点位置矢量；r_n 为第 n 个等效源位置矢量；$\mathrm{g}(r_m, r_n)$ 为自由场格林函数，其表达式 $\mathrm{g}(r_m, r_n) = \dfrac{\mathrm{e}^{-\mathrm{i}k|r_m - r_n|}}{4\pi|r_m - r_n|}$，由式（4-4）可以求取等效源强度列向量 $\boldsymbol{Q}$：

$$Q = (\dot{G}^{H}\dot{G})^{-1}\dot{G}^{H}P_{H} \tag{4-6}$$

由于测量时等效源数与测点数之间的关系为 $N > M$，则式(4-5)为欠定方程，此时等效源强度没有特解。使用广义逆进行计算，广义逆的过程可以借助奇异值分解，$\dot{G}$ 的奇异值分解如下：

$$\dot{G} = U_{(M \times M)}S_{(M \times N)}V_{(N \times M)}^{H} \tag{4-7}$$

式中，U、V 分别为 M 阶、N 阶酉矩阵；S 为奇异值矩阵。

将式(4-7)代入式(4-6)，即可得到等效源强度列向量的奇异值分解形式。然而，在实际测量时，全息面数据中包括传声器定位误差、环境噪声背景等多种因素，误差在重建过程中被放大，导致无法还原声源实际声场有效信息。

在基于等效源法的计算过程中，采用 Tikhonov 正则化方法控制测量误差的影响。其基本思路是通过最小化如下函数来求解等效源强度：

$$\min\{\|P_{H} - \dot{G}Q\|_{2}^{2} + \lambda^{2}\|Q\|_{2}^{2}\} \tag{4-8}$$

式中，$\|Q\|_{2}$ 表示向量 Q 的 2 范数。结合式(4-4)中 $\dot{G}$ 的奇异值分解结果，可以得到式(4-6)等效源强度的最优解为

$$Q = V(S^{H}S + \lambda^{2}I)^{-1}S^{H}U^{H}P_{H} \tag{4-9}$$

在获取等效源强 Q 后，便可确定声场空间任一点的声压或者质点振速等其他声学量。

2) 宽重型织机噪声源定位

在实际工厂环境条件下，对正常运行的宽重型织机展开噪声源定位。采用 16 通道 BK4961 传声器阵列，结合 DH5922 动态信号测试分析系统和 DHDAS 动态信号采集分析系统收集噪声复声压。全息距离设置为 0.2 m，依照仿真实验的测量距离，将重建面到声源面的距离设置为 0.05 m。首先在工人工作区域纺织传声器阵列，进行测量和处理，得到三种算法的工人位置处声源识别云图。表 4-2 中，图 a～c 表示工人所处位置的声源识别定位云图，其中涉及多个机构。根据宽重型织机的结构特性以及噪声特性，分别对其中的主要噪声机构进行定位和识别，识别结果如表 4-2 中图 d～o 所示。

表 4-2　宽重型织机主要噪声源定位识别结果

机构	Bayesian 法	IRLS 算法	SDIESM
整体			

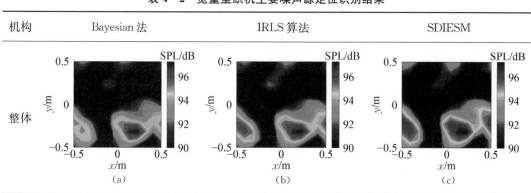

| (a) | (b) | (c) |

（续表）

机构	Bayesian 法	IRLS 算法	SDIESM

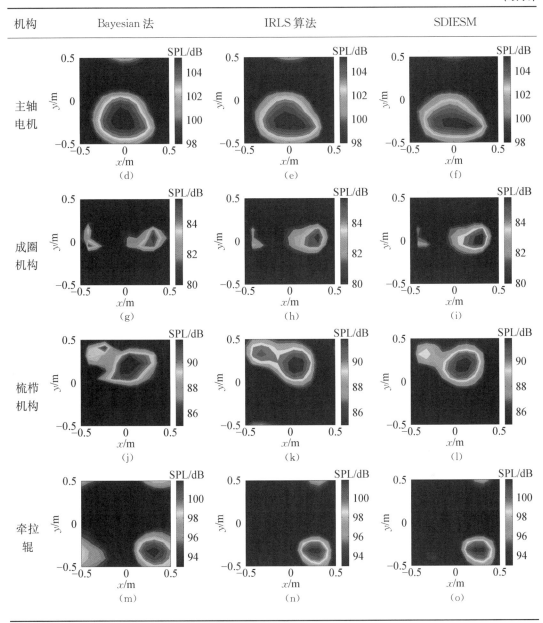

主轴电机 (d) (e) (f)

成圈机构 (g) (h) (i)

梳栉机构 (j) (k) (l)

牵拉辊 (m) (n) (o)

　　表 4 - 2 中图 d~f 分别表示使用 Bayesian 法、IRLS 算法和 SDIESM 算法所识别得到的主轴电机定位识别声源云图。由重建图像可以看出，三种方法的定位点准确，采用 Bayesian 准则的 TRESM 方法对于主轴电机的重建声场信息稀疏性较好，更加真实地反映电机声场信息；表 4 - 2 中图 g~i、图 j~l 和图 m~o 分别为成圈机构、梳栉机构和牵拉辊的声源定位识别云图，由于三种主要声源机构相邻结构复杂，不可避免地产生其余影响因素，但云图中的峰值中心仍准确地识别出了对应机构。同时，结合宽重型织机的结构特性和噪声产生机理，在中高频段内，IRLS 算法和 SDIESM 算法的识别性能更加精确，误差

对主要声场信息的干扰性较小。

4.3.2 噪声传递路径分析

4.3.2.1 快速 TPA 方法

基于快速 TPA 方法进行织机的噪声主传递路径辨识,获取贡献量最大的路径子系统。该方法在实验测量频响函数时不需要拆卸机器的主动部件,分析速度较快。

快速传递路径分析方法在操作上可以分为以下三个步骤:

步骤一:测量频响函数:$[H_{\text{active}}]$,$[H_{\text{pF}}]$。

步骤二:测量工况下的加速度响应 a_{active} 来识别工作载荷 $F_{\text{add-on}}$:

$$[F_{\text{add-on}}] = [H_{\text{active}}]^{-1}[a_{\text{active}}] \tag{4-10}$$

步骤三:计算各传递路径的噪声贡献量:

$$[P_{\text{contri}}] = [H_{\text{pF}}][F_{\text{add-on}}] \tag{4-11}$$

通过上述步骤,可以知道快速 TPA 方法具有三个优点:①频响函数和工况下的数据需求均较少,实验耗时少;②分析计算出子系统的振动噪声贡献量;③不需要对主动件解耦。

4.3.2.2 宽重型织机传递路径分析

1) 传递路径分析实验

步骤一:实验设备与方法介绍。根据宽重型织机的噪声源特征和簇绒机的机械结构特点,主要的噪声源是电机传动的部分、主轴曲柄机构和簇绒针与成圈钩的机械部分。按照快速 TPA 方法的实验原理:选取电机系统、主轴曲柄系统和针钩系统为三个子系统,每个子系统的 X、Y、Z 三个振动方向,各个测量点的各个振动方向均是 1 条传递路径,所以噪声传递路径一共为 9 条,如图 4-16 所示。通过快速 TPA 方法计算出三个子系统的噪声各传递路径的贡献量,并对比找出噪声贡献较大的几条传递路径。

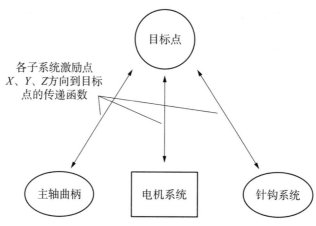

图 4-16 三个子系统的噪声传递路径

　　本次实验是以东华大学机械学院实验室内的簇绒地毯织机为实验对象,纺织工人的工作区域为目标点,所采用的实验仪器由 PCB 公司的 086D05 型力锤、美国 BK 公司生产的 3002663 型声压传感器、东华测试公司的 DH5922 数据采集仪、PCB 公司生产的 356A16 型加速度传感器以及一台电脑终端等组成。其实验现场如图 4-17 所示。

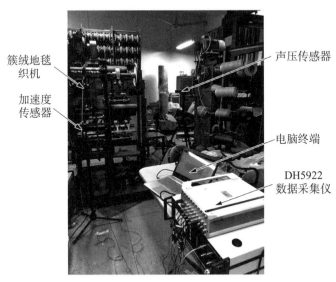

图 4-17　实验现场

　　步骤二:传感器测点布置。将声压传感器放置在纺织工人的工作区域的目标点处,目标点与宽重型织机距离约为 50 cm,用于采集宽重型织机目标点处的噪声。激励源是电机、主轴曲柄和簇绒针与成圈钩产生撞击。在这三个噪声源附近选取位置,在电机与宽重型织机机架悬置附近放置加速度传感器;主轴曲柄的振动传递的主要部件面板上放置传感器;针钩系统上冲击振动传递的主要部件的面板放置传感器。为了避免在工况下测量导致加速度传感器脱落,本实验声压传感器采用麦克风固定架固定,加速度传感器均通过磁力座固定在激励力附近的位置上。

　　步骤三:频响函数的测量。本实验根据宽重型织机的结构特点和现场的实验条件,选择力锤激励法来测量子系统内的频响函数。测量时,在纺织工人工作区域的目标点处安放声压传感器用于采集声信号,将装有力传感器的力锤在靠近噪声源的位置选择敲击点,对每个敲击点的 X、Y、Z 方向分别进行激励,每个点的每个方向都要敲击 5 次,然后进行平均处理。利用 DH5922 数据采集仪,对所测量的数据进行计算并得到工作载荷与工作区域目标点的频响函数。

　　步骤四:工况下声压值和工作载荷的测量。在纺织工人工作区域的目标点距离簇绒地毯织机 50 cm 处布置声压传感器,并在簇绒地毯织机实际工况下测取工况噪声声压值。要计算出各个路径对目标点的声压贡献量,不仅需要频响函数,还要测量工作载荷。由于簇绒地毯织机的工作载荷的测量难度较大,因此采用逆矩阵法,通过测量噪声源处工况下的加速度、工作载荷与加速度之间的频响函数来计算工作载荷。从而建立以加速度为输入量,工作区域目标点声压值为输出量的结构噪声 TPA 模型。

根据系统的运动学方程得

$$
\begin{bmatrix} a_1 \\ a_2 \\ \vdots \\ a_m \end{bmatrix} = \begin{bmatrix} H'_{11} & H'_{12} & \cdots & H'_{1n} \\ H'_{21} & H'_{22} & \cdots & H'_{2n} \\ \vdots & \vdots & & \vdots \\ H'_{m1} & H'_{m2} & \cdots & H'_{mn} \end{bmatrix} \begin{bmatrix} F_1 \\ F_2 \\ \vdots \\ F_n \end{bmatrix} \tag{4-12}
$$

$$
\begin{bmatrix} P_1 \\ P_2 \\ \vdots \\ P_q \end{bmatrix} = \begin{bmatrix} H''_{11} & H''_{12} & \cdots & H''_{1n} \\ H''_{21} & H''_{22} & \cdots & H''_{2n} \\ \vdots & \vdots & & \vdots \\ H''_{q1} & H''_{q2} & \cdots & H''_{qn} \end{bmatrix} \begin{bmatrix} F_1 \\ F_2 \\ \vdots \\ F_n \end{bmatrix} \tag{4-13}
$$

式中,a_m 为激励作用下的加速度;H'_{mn} 为激励力 F_n 到加速度响应 a_m 的频响函数;F_n 为工作载荷;P_q 为纺织工人工作区域目标点的声压值;H''_{qn} 为激励力 F_n 到工作区域目标点声压 P_q 的频响函数。

由式(4-12)矩阵求逆得

$$
\begin{bmatrix} F_1 \\ F_2 \\ \vdots \\ F_n \end{bmatrix} = \begin{bmatrix} H'_{11} & H'_{12} & \cdots & H'_{1n} \\ H'_{21} & H'_{22} & \cdots & H'_{2n} \\ \vdots & \vdots & & \vdots \\ H'_{m1} & H'_{m2} & \cdots & H'_{mn} \end{bmatrix}^{-1} \begin{bmatrix} a_1 \\ a_2 \\ \vdots \\ a_m \end{bmatrix} \tag{4-14}
$$

通过测量工况下的加速度 a_m 和激励力 F_n 到加速度响应 a_m 的频响函数 H'_{mn} 来计算出工作载荷。频响函数 H'_{mn} 的测量实验是通过在每个噪声源附近布置两个三向加速度传感器,同样采用力锤激励法来测量频响函数。有装有力传感器的力锤进行敲击,采集数据并对数据进行分析处理得到工作载荷与加速度之间的频响函数。

2) 各路径噪声贡献量分析

由式(4-13)、式(4-14)矩阵可得

$$
\begin{bmatrix} P_1 \\ P_2 \\ \vdots \\ P_q \end{bmatrix} = \begin{bmatrix} H''_{11} & H''_{12} & \cdots & H''_{1n} \\ H''_{21} & H''_{22} & \cdots & H''_{2n} \\ \vdots & \vdots & & \vdots \\ H''_{q1} & H''_{q2} & \cdots & H''_{qn} \end{bmatrix} \begin{bmatrix} H'_{11} & H'_{12} & \cdots & H'_{1n} \\ H'_{21} & H'_{22} & \cdots & H'_{2n} \\ \vdots & \vdots & & \vdots \\ H'_{m1} & H'_{m2} & \cdots & H'_{mn} \end{bmatrix}^{-1} \begin{bmatrix} a_1 \\ a_2 \\ \vdots \\ a_m \end{bmatrix} \tag{4-15}
$$

由于工作区域的噪声和振动是由多个噪声源通过不同路径抵达目标点后叠加合成的。通过测量宽重型织机实际工作情况下噪声源处的加速度 a_m 后,由式(4-15)求得各路径上的声压贡献量,得到每条路径各自的噪声贡献量 P_q,通过将各个路径噪声贡献量叠加合成后得到工作区域目标点的总声压。

(1)子系统的噪声信号分析。根据所建立的传递路径模型,测量计算出工况下的加速

度来识别工作载荷,通过频响函数计算并得出各子系统中噪声频谱图。

对于电机系统,从图 4-18 中可以看到,电机系统中 Z 方向的噪声贡献量最小,主要的传递路径在 X 方向和 Y 方向上,Y 方向的峰值有 261 Hz、386 Hz、461 Hz、561 Hz、616 Hz 和 726 Hz。X 方向的峰值主要有 561 Hz 和 616 Hz 的位置。峰值主要集中在 750 Hz 以内,各个峰值的幅值基本在 0.01 Pa 以下,大部分的噪声都是中低频噪声。

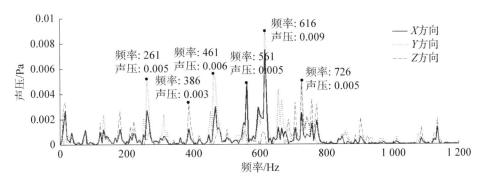

图 4-18　电机系统的噪声贡献量频谱图

对于主轴曲柄,主轴曲柄系统中的曲柄冲击方向是 Y 方向。如图 4-19 所示,Y 方向在 151 Hz 和 656 Hz 的噪声贡献量幅值最高,达到了 0.083 Pa 和 0.115 Pa;而 X 方向和 Z 方向的幅值都相对较低,噪声的声压值基本在 0.05 Pa 以下。这就验证了曲柄冲击振动是该子系统中主要的噪声传递路径。与图 4-18 比较分析可得,主轴曲柄的噪声贡献量峰值位置的幅值整体都比电机系统的幅值要大。

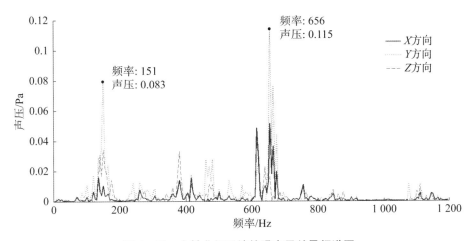

图 4-19　主轴曲柄系统的噪声贡献量频谱图

对于针钩系统,簇绒针和成圈钩在簇绒的时候会冲击和摩擦产生冲击噪声,冲击和摩擦的方向主要是 X 方向和 Y 方向,如图 4-20 所示。X 方向的幅值峰值位置在 261 Hz 和 686 Hz 的位置,其峰值分别是 0.015 Pa 和 0.022 Pa;Y 方向的幅值峰值位置在 261 Hz、556 Hz 和 686 Hz 的位置,其峰值分别是 0.033 Pa、0.021 Pa 和 0.022 Pa。针钩系统的冲击噪声的传递路径是针钩系统 X 方向和 Y 方向的传递路径。同时,在簇绒针进行上下往复运动时会有振动产生结构噪声,该运动振动方向为 Z 方向,即簇绒针往复运动造成振动的结构噪声传递路径是针钩系统中的 Z 方向。如图 4-20 所示,三个方向的传递路径相似,但在 260 Hz 位置时,簇绒针与成圈钩冲击频率倍频处,簇绒针和成圈钩冲击造成的 Y 方向噪声贡献量最为明显。

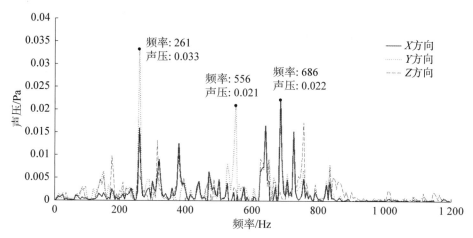

图 4-20   针钩系统的噪声贡献量频谱图

（2）噪声总贡献分析。根据以上宽重型织机的各部件噪声贡献量频谱图,对织机频段噪声总贡献量进行分析。

在查找宽重型织机的噪声主要传递路径的过程中,将每个传递路径在每个频率下的幅值进行横向比较来分析每条传递路径的贡献量,其过程较为繁琐。因此,有学者提出根据频域上幅值求均方根总值来具体计算出每个传递路径的噪声总贡献量,再通过每个传递路径噪声总贡献量来进行直观对比。

计算一条随频率变化的曲线,从频率 $f_1 \sim f_2$ 范围之间的一段曲线对整条曲线的贡献值,可以通过计算该段频率对应的每个幅值的均方和的开方值来表示,即

$$\Pi^2 = \int_{f_1}^{f_2} |H(f)|^2 \mathrm{d}f \tag{4-16}$$

或者为

$$\Pi^2 = \sum_{i=1}^{N} |H(f_i)|^2 \Delta f \tag{4-17}$$

$$\Pi_{\mathrm{root}} = \sqrt{\sum_{i=1}^{N} |H(f_i)|^2} \tag{4-18}$$

图 4-21 中, N 是指定范围 $f_1 \sim f_2$ 之间的谱线数; Π^2 表示该曲线幅值在指定的频率范围内的均方和,而 Π_{root} 是 Π^2 的平方根的值,即该函数曲线在 $f_1 \sim f_2$ 频率范围内的总贡献量。这个方法可以将频率响应函数在某频率范围内的贡献收敛到一个数值来表示。通

过该方法,对本实验的 9 条传递路径的频域噪声曲线进行计算,由于这 9 条路径的频谱分布主要表现都在 1 200 Hz 以内,因此取频率范围为 0～1 200 Hz,对图 4-18、图 4-19 和图 4-20 中的各频谱曲线计算在 0～1 200 Hz 内的频段贡献值,得到这 9 条传递路径的直观贡献量,如图 4-22 所示。

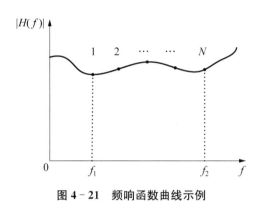

图 4-21　频响函数曲线示例

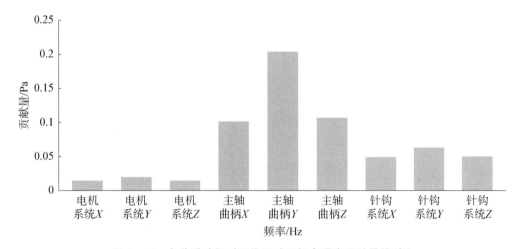

图 4-22　各传递路径对工作区域目标点噪声贡献量的对比

从图 4-22 中可以看出,主轴曲柄系统中的噪声贡献量是最大的,其次是针钩系统,噪声贡献量最小的是电机系统。其中,每个系统的 Y 方向都比该系统中的 X 方向和 Z 方向要大。该图直观反映了每条传递路径对簇绒地毯织机工况噪声贡献的情况,有助于寻找主要噪声源的传递路径。为了更加直观地分析各个传递路径的声压值,将各个传递路径和合成噪声、实测噪声的声压值转换为方便阅读的声压级。

主轴 Y 方向的噪声值为 0.203 2 Pa,相当于 80.1 dB,是所有路径中噪声贡献量最大的一条传递路径。其次是主轴 X 方向和主轴 Z 方向,分别是 0.100 9 Pa 和 0.106 5 Pa,即 74.1 dB 和 74.5 dB。噪声贡献量最小的是电机系统的 X 方向、Y 方向和 Z 方向,这三条传递路径的声压贡献量分别是 0.014 3 Pa、0.019 2 Pa 和 0.014 3 Pa,即 57.9 dB、59.6 dB 和57.1 dB。将辨识的各路径噪声合成总噪声,合成噪声的声压值为 0.509 0 Pa,比实测噪声的声压值 0.562 8 Pa 要小，即合成噪声的声压级为 88.1 dB 而实测噪声的声压级为 89.0 dB。

实测与合成结果的误差主要的原因是：①宽重型织机工作环境中一些环境噪声的影响，造成了实测噪声的声压值存在一些环境噪声的贡献；②实验过程中忽略了一些传递路径的声压贡献量相对较低的路径，因此合成的噪声信号结果中就少了这些路径的贡献量；③实验过程的一些测量误差，导致了测量值小于实际值。

3）主传递路径影响因素分析

在对宽重型织机子系统中各传递路径的噪声贡献量分析以后，可以找到主要的噪声源传递路径是主轴曲柄系统中的 Y 方向。接着以主轴曲柄 Y 方向为例，对这条传递路径进行频响函数与工作载荷展开深入研究，绘制频响函数和工作载荷之间的频谱图，如图 4-23～图 4-25 所示。从而可以判断出，这条传递路径噪声贡献量产生的原因是簇绒地毯织机的结构问题还是噪声源的问题。

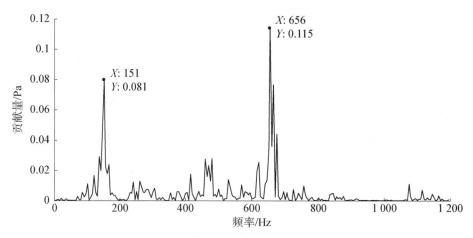

图 4-23　主轴曲柄 Y 方向上的噪声贡献量

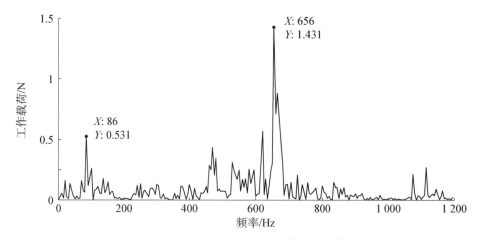

图 4-24　主轴曲柄 Y 方向上的工作载荷

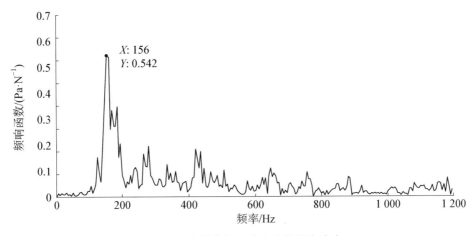

图 4 - 25　主轴曲柄 Y 方向上的频率响应

宽重型织机的主轴曲柄系统 Y 方向的噪声贡献量如图 4 - 23 所示,贡献量的峰值主要在 151 Hz 和 656 Hz 处。只有图 4 - 25 所示频率响应曲线中能找到与 151 Hz 对应的峰值,因此宽重型织机振动结构噪声在 151 Hz 产生的峰值是织机结构问题所引起的。在频率为 656 Hz 处,只有图 4 - 24 所示工作载荷曲线中能找到与 656 Hz 对应的峰值,频响函数曲线在 656 Hz 左右不存在峰值。因此,产生 656 Hz 噪声贡献量的原因主要是主轴曲柄工作时产生的激励力,即噪声源引起的噪声贡献量峰值。对宽重型织机的噪声贡献量成因的分析,有助于后期对每条传递路径进行有针对性的降噪,提高减振降噪的效率和成本。

4.4　基于 OKID 算法的卫星微振动建模及传递路径分析

在航空航天事业日益蓬勃发展的今天,空间任务日益复杂,对高分辨率遥感卫星、空间干扰测量卫星和天空望远镜等高精度航空探测器的要求也越来越高。具有高稳定性、高分辨率以及高指向精度的卫星成为研究的重点。

卫星在轨工作过程中,动量轮、太阳能帆板、力矩陀螺等部件不可避免地会振动,使卫星发生一种幅值小、频率高的微振动。微振动会对高精度航天器敏感载荷的指向稳定度等重要性能指标产生严重影响,造成光学载荷和其他敏感元件的光轴偏离预期指向,使画面模糊,甚至失真扭曲,导致敏感载荷的成像质量下降。

大量研究文献及实验证明,动量轮是卫星上最主要的扰动源。动量轮是目前高精度、高稳定度卫星常用的姿态控制机构,结构上包括驱动电机、转子、轴承、真空密封罩、支撑轴、控制器等。由于转子动静不平衡、轴承缺陷、驱动电机误差等,动量轮在运行过程中会发生一系列谐波扰动,影响星载敏感设备的成像质量。

4.4.1 卫星微振动建模

动量轮转子在工作过程中会一直不间断地高速旋转。由于存在设计及制造工艺误差等,使得转子结构的质量无法均匀分布,则转子在高速工作时会发生质量偏心的情况,导致惯性积不为零。因此,动量轮在高速工作时会产生不平衡力及力矩,这是动量轮扰动的主要原因之一,如图4-26所示。图4-26a 静不平衡源自动量轮转子的质心偏离其旋转轴,并在工作过程中出现径向离心力;图4-26b 动不平衡主要源自动量轮转子的主轴偏离其旋转轴,并在高速旋转工作时出现径向力矩。

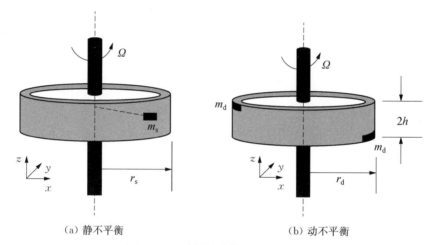

（a）静不平衡　　　　　　　　　　（b）动不平衡

图 4 - 26　动量轮动静不平衡示意图

在动量轮高速旋转时,由 m_s 引起的离心力为

$$\overrightarrow{F_x} = U_s \cdot \Omega^2 \cos(\Omega t + \alpha_0) \cdot \overrightarrow{e_x} \tag{4-19}$$

$$\overrightarrow{F_y} = U_s \cdot \Omega^2 \sin(\Omega t + \alpha_0) \cdot \overrightarrow{e_y} \tag{4-20}$$

两个质量块 m_d 对应的力矩为

$$\overrightarrow{T_x} = U_d \cdot \Omega^2 \cos(\Omega t + \beta_0) \cdot \overrightarrow{e_x} \tag{4-21}$$

$$\overrightarrow{T_y} = U_d \cdot \Omega^2 \sin(\Omega t + \beta_0) \cdot \overrightarrow{e_y} \tag{4-22}$$

式中,α_0、β_0 为初始相位;$U_s = m_s r_s$;$U_d = 2 m_d r_d h$。

由于动量轮并非一个刚体结构,各结构间的连接存在弹性,因此可以将动量轮结构看成弹簧阻尼系统,动量轮工作时产生的扰动将会加载到系统模型上,从而导致弹性振动。此时,动量轮模型主要振动模式可以分为三种,即轴向平动、径向平动和径向摇摆,如图4-27所示。

将动量轮的刚度与阻尼分别在图中以弹簧与阻尼器的形式进行表示,沿 X 和 Y 轴位移分别用 x 与 y,绕 X 和 Y 轴转角分别用 θ 与 ϕ,动量轮弹性振动的弹簧阻尼模型如图4-28所示。

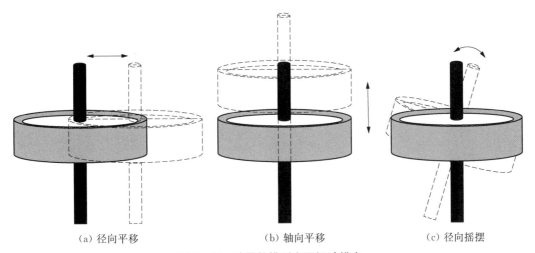

（a）径向平移   （b）轴向平移   （c）径向摇摆

图 4 - 27　动量轮模型主要振动模态

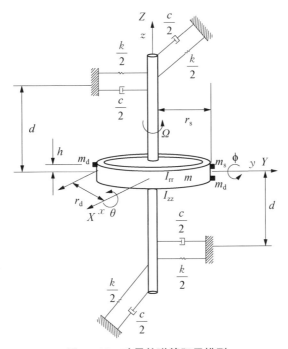

图 4 - 28　动量轮弹簧阻尼模型

动量轮的平衡动力学方程可表示为

$$\begin{bmatrix} M & 0 \\ 0 & M \end{bmatrix} \begin{Bmatrix} \ddot{x} \\ \ddot{y} \end{Bmatrix} + \begin{bmatrix} c & 0 \\ 0 & c \end{bmatrix} \begin{Bmatrix} \dot{x} \\ \dot{y} \end{Bmatrix} + \begin{bmatrix} k & 0 \\ 0 & k \end{bmatrix} \begin{Bmatrix} x \\ y \end{Bmatrix} = \begin{Bmatrix} 0 \\ 0 \end{Bmatrix} \tag{4-23}$$

$$\begin{bmatrix} I_{rr} & 0 \\ 0 & I_{rr} \end{bmatrix} \begin{Bmatrix} \ddot{\theta} \\ \ddot{\phi} \end{Bmatrix} + \begin{bmatrix} c_{\theta} & -\Omega I_{zz} \\ -\Omega I_{zz} & c_{\theta} \end{bmatrix} \begin{Bmatrix} \dot{\theta} \\ \dot{\phi} \end{Bmatrix} + \begin{bmatrix} k_{\theta} & 0 \\ 0 & k_{\theta} \end{bmatrix} \begin{Bmatrix} \theta \\ \phi \end{Bmatrix} = \begin{Bmatrix} 0 \\ 0 \end{Bmatrix} \tag{4-24}$$

联立式(4-23)、式(4-24)计算,径向平动的模态频率为

$$\omega_{\mathrm{t}} = \sqrt{\frac{k}{M}} \tag{4-25}$$

动量轮的转动模态频率可表示为

$$\omega_{1,2} = \sqrt{\left(\frac{\Omega I_{zz}}{2I_{rr}}\right) + \frac{k_{\theta}}{I_{rr}}} \pm \frac{\Omega I_{zz}}{2I_{rr}} \tag{4-26}$$

静态平衡动力学方程可表示为

$$\begin{bmatrix} M_{\mathrm{t}} & 0 \\ 0 & M_{\mathrm{t}} \end{bmatrix} \begin{Bmatrix} \ddot{x} \\ \ddot{y} \end{Bmatrix} + \begin{bmatrix} c & 0 \\ 0 & c \end{bmatrix} \begin{Bmatrix} \dot{x} \\ \dot{y} \end{Bmatrix} + \begin{bmatrix} k & 0 \\ 0 & k \end{bmatrix} \begin{Bmatrix} x \\ y \end{Bmatrix} = U_{\mathrm{s}} \Omega^2 \begin{Bmatrix} -\sin\Omega t \\ \cos\Omega t \end{Bmatrix} \tag{4-27}$$

式中,$M_{\mathrm{t}} \approx M$,为动量轮总质量。计算可得径向扰动力数学表达式为

$$F_{\mathrm{x}} = k \frac{U_{\mathrm{s}}\Omega^2 [-(k-\Omega^2 M_{\mathrm{t}})\sin\Omega t + c\Omega\cos\Omega t]}{(k-\Omega^2 M_{\mathrm{t}})^2 + c^2\Omega^2} \tag{4-28}$$

$$F_{\mathrm{y}} = k \frac{U_{\mathrm{s}}\Omega^2 [-(k-\Omega^2 M_{\mathrm{t}})\cos\Omega t + c\Omega\sin\Omega t]}{(k-\Omega^2 M_{\mathrm{t}})^2 + c^2\Omega^2} \tag{4-29}$$

动态平衡动力学方程可表示为

$$\begin{bmatrix} I_{rr} & 0 \\ 0 & I_{rr} \end{bmatrix} \begin{Bmatrix} \ddot{\theta} \\ \ddot{\phi} \end{Bmatrix} + \begin{bmatrix} c_{\theta} & \Omega I_{zz} \\ -\Omega I_{zz} & c_{\theta} \end{bmatrix} \begin{Bmatrix} \dot{\theta} \\ \dot{\phi} \end{Bmatrix} + \begin{bmatrix} k_{\theta} & 0 \\ 0 & k_{\theta} \end{bmatrix} \begin{Bmatrix} \theta \\ \phi \end{Bmatrix} = U_{\mathrm{d}}\Omega^2 \begin{Bmatrix} \cos\Omega t \\ \sin\Omega t \end{Bmatrix} \tag{4-30}$$

可以求解得到径向扰动力矩表达式为

$$T_{\mathrm{x}} = k_{\theta} \frac{U_{\mathrm{d}}\Omega^2 \{[k_{\theta}-\Omega^2(I_{rr}-I_{zz})]\cos\Omega t + c_{\theta}\Omega\sin\Omega t\}}{[k_{\theta}-\Omega^2(I_{rr}-I_{zz})]^2 + (c_{\theta}\Omega)^2} \tag{4-31}$$

$$T_{\mathrm{y}} = k_{\theta} \frac{U_{\mathrm{d}}\Omega^2 \{[k_{\theta}-\Omega^2(I_{rr}-I_{zz})]\sin\Omega t + c_{\theta}\Omega\cos\Omega t\}}{[k_{\theta}-\Omega^2(I_{rr}-I_{zz})]^2 + (c_{\theta}\Omega)^2} \tag{4-32}$$

由上述分析可以看出,动量轮由于转子材质分布不均匀,因此在高速工作过程中会产生动静不平衡,该扰动会发生在动量轮自身弹性模型上,并最终以扰动力及力矩的形式输出。

4.4.2 微振动传递路径分析

以主要微振动源动量轮为例,对卫星进行传递路径辨识,明确各路径在不同频率下对目标点(相机)的微振动传递特性及灵敏程度。卫星的结构示意如图4-29所示,主要包括上下两舱:上舱采用碳框进行支撑;下舱被隔板分隔成6部分,主要分布着动量轮、光纤陀螺、储箱、气瓶、星敏感器和相机等。

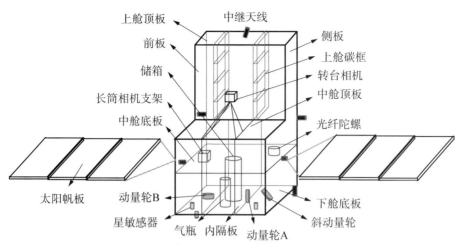

图 4 - 29 卫星结构示意图

1) 建立传递路径分析模型

以动量轮 A、B 及斜动量轮的 X、Y、Z 向扰动力作为输入，相机支架 z 向位移响应为输出，确定微振动传递路径 Path1～Path9，建立一个多输入单输出的传递路径分析模型，如图 4 - 30 所示。

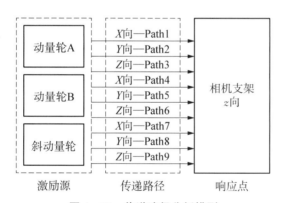

图 4 - 30 传递路径分析模型

各微振动传递路径的传递函数计算式如下：

$$
\begin{bmatrix} H_{1x} \\ H_{2x} \\ H_{3x} \\ \vdots \\ H_{ij} \end{bmatrix} = \begin{bmatrix} Y_{1x} & 0 & 0 & \cdots & 0 \\ 0 & Y_{2x} & 0 & \cdots & 0 \\ 0 & 0 & Y_{3x} & \cdots & 0 \\ \vdots & \vdots & \vdots & & \vdots \\ 0 & 0 & 0 & \cdots & Y_{ij} \end{bmatrix} \cdot \begin{bmatrix} \dfrac{1}{F_{1x}} \\ \dfrac{1}{F_{2x}} \\ \vdots \\ \dfrac{1}{F_{ij}} \end{bmatrix} \tag{4-33}
$$

式中，H_{ij} 为动量轮 i 在 j 方向扰动对相机支架 z 向的传递函数；$i = 1, 2, 3$，分别表示动量轮 A、动量轮 B 及斜动量轮;x,y,z 表示三个方向;Y_{ij} 为相机支架 z 向的响应;F_{ij} 为扰动信号,三个动量轮的激励力相同,即 $F_{1j}=F_{2j}=F_{3j}$。

2) OKID-奇异值差分法原理

卫星为 n 维结构体系,根据建立的传递路径分析模型有 9 个激励力输入点、1 个响应输出点。对于每条单输入单输出的传递路径子系统,即输入 $p=1$,输出 $q=1$,离散化状态空间方程为

$$\left.\begin{array}{l} X(k+1)=AX(k)+Bf(k) \\ Y(k)=CX(k)+Df(k) \end{array}\right\} \quad (4-34)$$

式中,X 为 $n\times1$ 维状态向量;f 为输入向量;Y 为输出向量;A 为 $n\times n$ 阶系统矩阵;B 为 $n\times1$ 阶输入矩阵;C 为 $1\times n$ 阶输出矩阵;D 为 1×1 阶输出分布矩阵。

对单变量系统状态空间方程引入观测矩阵 M 得

$$\begin{aligned} X(k+1) &= AX(k)+Bf(k)+MY(k)-MY(k) \\ &= (A+MC)X(k)+(B+MD)f(k)-MY(k) \end{aligned} \quad (4-35)$$

则状态空间方程变为

$$\left.\begin{array}{l} X(k+1)=\bar{A}X(k)+\bar{B}v(k) \\ Y(k)=CX(k)+Df(k) \end{array}\right\} \quad (4-36)$$

式(4-36)被称为观测方程。式中,$\bar{A}=A+MC$,$\bar{B}=\begin{bmatrix}B+MD & M\end{bmatrix}$,$v(k)=\begin{bmatrix}f(k) \\ Y(k)\end{bmatrix}$,$M$ 为使 $\bar{A}$ 尽可能稳定的任意矩阵。

对于初始条件为零的结构,假设观测系统的状态转移矩阵 $\bar{A}$ 是渐近稳定的,即当 $i\geqslant l$ 时,$\bar{A}^i\approx0$,上式可近似写成矩阵形式为

$$\mathbf{Y}_{q\times d}=\bar{\mathbf{y}}_{q\times[(p+q)l+p]}\mathbf{V}_{[(p+q)l+p]\times d} \quad (4-37)$$

式中,$Y=[Y(0),Y(1),Y(2),\cdots,Y(d-1)]$,观测马尔可夫(Markov)参数 $\bar{y}=\begin{bmatrix}D & C\bar{B} & C\bar{A}\bar{B} & \cdots & C\bar{A}^{l-1}\bar{B}\end{bmatrix}$,

$$V=\begin{bmatrix} f(0) & f(1) & f(2) & \cdots & f(l) & \cdots & f(d-1) \\ 0 & v(0) & v(1) & \cdots & v(l-1) & \cdots & v(d-2) \\ 0 & 0 & v(0) & \cdots & v(l-2) & \cdots & v(d-3) \\ \vdots & \vdots & \vdots & & \vdots & & \vdots \\ 0 & 0 & 0 & \cdots & v(0) & \cdots & v(d-l-1) \end{bmatrix},\ d\ \text{为采样序列长度。}$$

观测 Markov 参数可通过上式右乘 V 的伪逆 $(V)^+$ 得到,即

$$\bar{y}_{q\times[(p+q)l+p]}=Y_{q\times d}(V_{[(p+q)l+p]\times d})^+=\begin{bmatrix}\bar{y}_{-1} & \bar{y}_0 & \bar{y}_1 & \cdots & \bar{y}_{l-1}\end{bmatrix} \quad (4-38)$$

式中,$\bar{y}_k=[C(A+MC)^k(B+MD)-C(A+MC)^kM]=\begin{bmatrix}\bar{y}_k^{(1)} & \bar{y}_k^{(2)}\end{bmatrix}$,$k=0,1,2,\cdots$,$\bar{y}_{-1}=D$,系统 Markov 参数 y 与观测 Markov 参数 $\bar{y}$ 的关系为

$$\begin{bmatrix} \mathbf{I} & & & & \\ -\bar{\mathbf{y}}_0^{(2)} & \mathbf{I} & & & \\ -\bar{\mathbf{y}}_1^{(2)} & -\bar{\mathbf{y}}_0^{(2)} & \mathbf{I} & & \\ \vdots & \vdots & \vdots & \ddots & \ddots \\ -\bar{\mathbf{y}}_{k-1}^{(2)} & -\bar{\mathbf{y}}_{k-2}^{(2)} & -\bar{\mathbf{y}}_{k-3}^{(2)} & \cdots & \mathbf{I} \end{bmatrix} \begin{bmatrix} \mathbf{y}_0 \\ \mathbf{y}_1 \\ \mathbf{y}_2 \\ \vdots \\ \mathbf{y}_k \end{bmatrix} = \begin{bmatrix} \bar{\mathbf{y}}_0^{(1)} + \bar{\mathbf{y}}_0^{(2)} \mathbf{D} \\ \bar{\mathbf{y}}_1^{(1)} + \bar{\mathbf{y}}_1^{(2)} \mathbf{D} \\ \bar{\mathbf{y}}_2^{(1)} + \bar{\mathbf{y}}_2^{(2)} \mathbf{D} \\ \vdots \\ \bar{\mathbf{y}}_k^{(1)} + \bar{\mathbf{y}}_k^{(2)} \mathbf{D} \end{bmatrix} \tag{4-39}$$

确定系统的 Markov 参数为

$$y_{q \times (l+1)p} = \begin{bmatrix} D & CB & CAB & \cdots & CA^{l-1}B \end{bmatrix} \tag{4-40}$$

利用上式集成汉克尔矩阵如下：

$$H = \begin{bmatrix} \mathbf{y}_1 & \mathbf{y}_2 & \cdots & \mathbf{y}_N \\ \mathbf{y}_2 & \mathbf{y}_3 & \cdots & \mathbf{y}_{N+1} \\ \vdots & \vdots & & \vdots \\ \mathbf{y}_l & \mathbf{y}_{l+1} & \cdots & \mathbf{y}_{N+l-1} \end{bmatrix}_{pl \times qN} \tag{4-41}$$

式中，N 为任意正整数。

对 $H(0)$ 进行奇异值分解：

$$H(0) = R\Lambda S^{\mathrm{T}} \tag{4-42}$$

式中，Λ 为奇异值矩阵，$\Lambda = \mathrm{Diag}(\sigma_1 \quad \sigma_2 \quad \cdots \quad \sigma_r \quad \cdots \quad 0 \quad \cdots)$，$r < qN$；$R$ 和 S 为左右奇异矩阵。

系统的奇异值差分表示为

$$b_i = \sigma_i - \sigma_{i+1}, \quad (i = 1, 2, \cdots, r-1) \tag{4-43}$$

式中，b_i 组成的序列称为奇异值差分谱。差分谱中最后一个明显峰值处为系统阶次 n。

子系统的实现矩阵为

$$\left. \begin{array}{l} A = \Lambda_n^{-1/2} R_n^T H(1) S_n \Lambda_n^{-1/2} \\ B = \Lambda_n^{1/2} S_n^T E_p \\ C = E_q^{\mathrm{T}} R_n \Lambda_n^{1/2} \end{array} \right\} \tag{4-44}$$

式中，$E_p = \begin{bmatrix} I_{p \times p} & 0_{p \times (N-1)p} \end{bmatrix}^{\mathrm{T}}$；$E_q = \begin{bmatrix} I_{q \times q} & 0_{q \times (l-1)q} \end{bmatrix}^{\mathrm{T}}$；$R_n$、$S_n$ 分别为 R、S 矩阵的前 n 列。

3）子系统路径辨识

通过实验获取某工况下动量轮扰动力，在有限元中，得到该实测扰动力下的相机支架位移响应，将两组信号作为 OKID–奇异值差分法的输入进行传递函数辨识，通过对比各传递函数幅值分布，明确不同频率下各路径对微振动信号传递的灵敏程度。具体传递路径辨识流程如图 4–31 所示。

动量轮扰动力测试平台如图 4–32 所示。动量轮通过转接工装固定在测力平台上，测力平台安装在支撑座上。

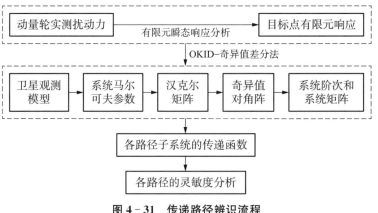

图 4-31 传递路径辨识流程

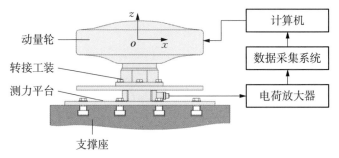

图 4-32 动量轮扰动力测试平台

由于卫星整星的固有频率主要集中在 100 Hz 以内,因此设置研究的频率范围为 0～100 Hz。采样频率为 200 Hz,采样时间为 2 s,通过实验测得转速为 1000 r/min 时动量轮的扰动力如图 4-33 所示。

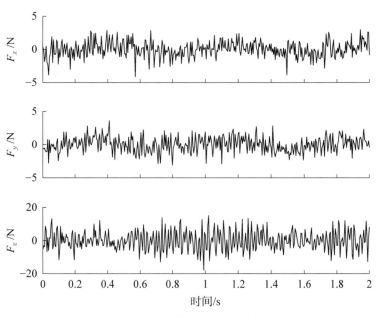

图 4-33 动量轮实测扰动力

利用有限元获取动量轮实测扰动力 F_x、F_y、F_z 下的相机支架位移响应。建立卫星的有限元模型,其中微振动源(动量轮)和有效载荷(相机支架)位置如图 4-34 所示。

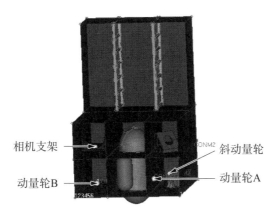

图 4-34　卫星有限元模型

将 $1\,000\,\text{r/min}$ 工况下实测动量轮扰动力 F_x、F_y、F_z 输入有限元模型中,得到各微振动传递路径对相机支架的 z 向位移响应。以动量轮 B 的 z 向微振动源传递路径(Path6)为例,相机处有限元时域响应如图 4-35 所示。

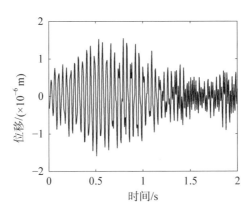

图 4-35　沿 Path6 的微振动对相机支架有限元响应

利用实测扰动力与有限元响应结果,结合 OKID-奇异值差分法辨识各微振动路径的传递函数。仍以 Path6 为例,通过奇异值差分法确定 Path6 子系统阶次为 9 阶,利用 OKID 计算该子系统实现矩阵及传递函数,传递特性曲线如图 4-36 所示。

传递路径灵敏度即各路径的微振动传递函数幅值贡献量,根据传递特性曲线,各路径在不同频率下的微振动传递函数幅值贡献量分布如图 4-37 所示。

图 4-37 中传递路径在 $10\sim20\,\text{Hz}$、$40\sim50\,\text{Hz}$、$65\sim75\,\text{Hz}$ 的三个频段处幅值普遍集中。其中,Path1 的幅值最高最集中;Path7 在这三个频段的幅值比其他频段幅值更小;Path2、Path3、Path4、Path9 的幅值分布均较集中;Path6 的灵敏度也较高,但分布相对分散;Path5 和 Path8 无明显集中性分布特点,且幅值较小。

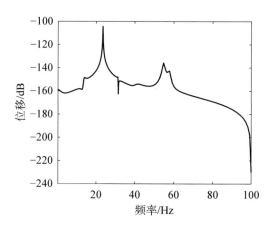

图 4‑36　动量轮 B 的 z 向微振动传递特性曲线

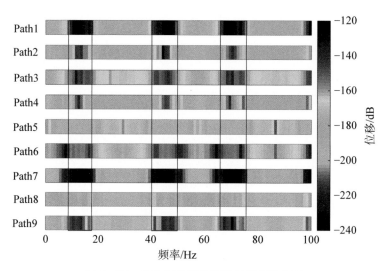

图 4‑37　各路径微振动传递函数幅值贡献

综上可知，Path5、Path7、Path8 三条路径对微振动的灵敏度较低；Path1、Path2、Path3、Path4、Path6、Path9 在上述三个频段的灵敏度较高，需要着重解决这 6 条路径的隔振问题。

第 5 章
新兴技术在复杂机械系统建模与仿真中的应用

5.1 概　　述

在过去的十年内,人们见证了人工智能爆炸式的增长,从大数据、计算机视觉,再到近年来以生成式人工智能为代表的 ChatGPT 等大模型的发展,越来越多的人工智能技术在复杂机械系统建模与仿真中得到了应用发展。同时,机械系统数据的庞大也推动了这些人工智能技术的应用落地与发展。人工智能具备机器感知、综合和推断信息的能力,现在几乎可以在各个领域中发现其应用。人工智能模型通常是指一种数学模型或计算模型,可以从海量数据中学习其隐藏的规律,从而进行预测或判断。本章包括三个主要的案例,分别涵盖了三种人工智能在工业生产中的应用工作。

第一个案例是机器视觉技术在工业品表面缺陷检测中的应用,揭示布匹表面缺陷检测中的人工智能算法及其应用。第二个案例是基于人工智能算法实现谐波减速器和滚动轴承出厂损伤检测。通过提取这两个工业产品的声音特征,利用机器学习或深度学习算法实现谐波减速器和滚动轴承的出厂损伤检测,这种检测方式能够极大地提高标准机械部件的检测效率。第三个案例是基于人工智能算法实现谐波减速器的寿命监测,这也是人工智能在健康监测、智能运维的重要应用场景之一,应用多维传感数据和深度学习算法实现机械系统部件的智能运维是提高我国装备整体水平的关键途径。

通过这三个案例,介绍了人工智能算法在机械系统中的应用,通过采集复杂机械系统"工业大数据",应用深度学习算法能够提高机械产品质量、降低能源消耗、改善运维程序。这些新兴技术的应用,为复杂机械系统发展提供了参考和范例。

5.2　机器视觉技术在工业品表面缺陷检测中的应用

1) 问题描述

在工业生产过程中,由于现有技术、工作条件等因素的不足和局限性,极易影响制成品的质量。其中,表面缺陷是产品质量受到影响的最直观表现。因此,为了保证合格率和可靠的质量,必须进行产品表面缺陷检测。"缺陷"一般可以理解为与正常样品相比的缺失、缺陷或面积。表面缺陷检测是指检测样品表面的划痕、缺陷、异物遮挡、颜色污染、孔洞等缺陷,从而获得被测样品表面缺陷的类别、轮廓、位置、大小等一系列相关信息。人工缺陷检测曾经是主流方法,但这种方法效率低下;检测结果容易受人为主观因素的影响,不能满足实时检测的要求,已逐渐被其他方法所取代。

近几年来,部分纺织企业开始开发基于机器视觉的布匹瑕疵自动检测系统。国内纺织行业中多数布匹瑕疵检测系统存在检测精度低、普适性差的问题,同时受限于传统图像处理技术的局限,算法依赖于对人工设计的特征进行提取,只适于在较为简单的素色布上进行瑕疵检测。国外虽已有较为成熟的自动检测设备,但造价较为昂贵,且只适合素色布的检测。然而,在工厂实际生产中,大多数布匹为具有复杂背景图案的花色布,受限于传统图像处理技术的限制,现有布匹瑕疵检测系统难以得到很好的检测效果。

2) 检测平台搭建

如图 5-1 所示为经编布匹瑕疵在线检测系统,主要由相机、条形光源、计算机、编码器、检测平台组成。相机为 DALSA 黑白线扫相机,型号为 LA-CM-04K08A-00-R,相机的图像分辨率为 4 096 像素×1 像素,采样频率由编码器根据布匹的速度发出脉冲信号决定。相机高度以及相邻相机之间的间距可以根据实际需要拍摄布匹的幅宽进行上下、左右调整,光源的亮度可以根据布匹的颜色深浅通过输出电压进行调整。

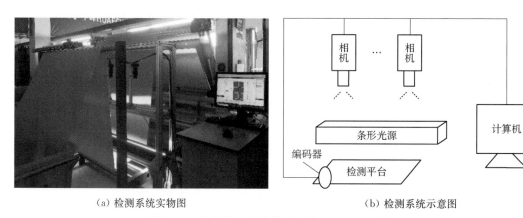

(a) 检测系统实物图　　　　　　　　　　(b) 检测系统示意图

图 5-1　经编布匹瑕疵检测系统实物图和示意图

3) 检测算法设计

经编布匹瑕疵在线检测算法是整个系统的核心,主要包含:改进多模态无监督图像到图像的转换(multimodal unsupervised image-to-image translation, MUNIT)模型扩充瑕疵样本、自定义空洞空间卷积池化金字塔(atrous spatial pyramid pooling, ASPP)模块、设置深度可分离卷积、采用 Focal Loss 函数、建立模型评判标准 5 个部分。通过 MUNIT 模型扩充瑕疵样本,将扩充的瑕疵样本与真实拍摄图像共同用于检测模型的训练,将训练得到的最优模型进行瑕疵检测。

基于深度学习的目标检测准确度在一定程度上取决于瑕疵样本训练集的数量,虽然通过搭建的瑕疵检测系统已经采集到一定数量的瑕疵图像,但部分不常见瑕疵样本数量仍略有不足。目前样本增强的方式大概有以下 3 种:几何变换、变分自编码器(variational auto-encoder, VAE)、生成对抗网络(generative adversarial networks, GAN)。几何变换的方式由于没有生成新的图片,作用效果不大;VAE 由于没有对抗损失,生成的图片会比较模糊;而传统 GAN 容易出现模式崩溃的问题。

为了解决以上 3 种方法的不足,采用改进的 MUNIT 模型进行瑕疵样本扩充,该模型的框架如图 5－2 所示。将瑕疵图像(X)编码为内容和风格两部分,将内容存储于共享内容空间(C),而风格存储于不同风格空间(S),如图 5－2a 所示。输入正常经编布匹样本(X_1),将其内容编码存储至共享内容空间 C,并在共享内容空间 C 的内容与风格空间 S_2 中随机抽取一份解码合成新的瑕疵图像,在这个过程中加入随机噪声,如图 5－2b 所示。

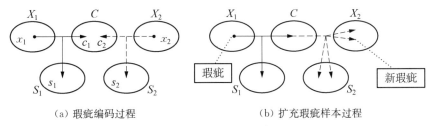

（a）瑕疵编码过程　　　　　　　　　（b）扩充瑕疵样本过程

图 5－2　MUNIT 模型框架

为解决传统 GAN 训练不稳定易出现模式崩溃的问题,改进 MUNIT 模型,如图 5－3 所示。构建多个重构的过程,并在每个重构过程中均加入随机噪声,同时使用像素损失和 GAN 损失,在训练过程中将所有损失函数联合在一起同时优化,最终得到训练过程稳定、生成瑕疵样本多样性好的 MUNIT 模型。将正常布匹和瑕疵图像分别编码成内容和风格,再将编码的内容和风格重构为原始图像,如图 5－3a 所示。同理,通过交叉重构实现正常布匹与瑕疵布匹的内容和风格编码及解码。此外,为使生成的图像多样性更好,将正常布匹图像和瑕疵图像重构的图像进行再次编码,然后对原始图像的内容及风格进行优化,其过程如图 5－3b 所示。

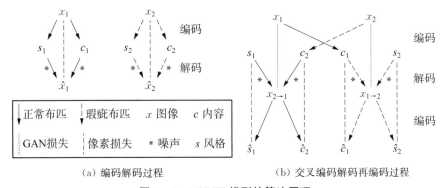

（a）编码解码过程　　　　　　　　　（b）交叉编码解码再编码过程

图 5－3　MUNIT 模型的算法原理

通常神经网络的卷积核越大,其感受野越大,从而能更好地获取特征图上的全局信息。因此,在一定程度上 ASPP 模块能提高模型检测准确率。然而,随着卷积核的增大,其参数量大幅增加,最终导致模型的计算量过大,运行速度急剧降低。因此,基于空洞卷积的思想,为经编布图像定义符合瑕疵特征的 ASPP 模块,如图 5－4 所示。通过设置不同生长率的空洞卷积,在不增加计算量的前提下提升感受野,以提高模型的检测精度。

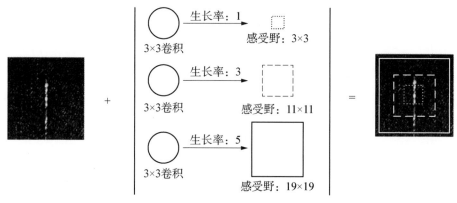

图 5 - 4　ASPP 模块

传统卷积过程如图 5 - 5 所示。

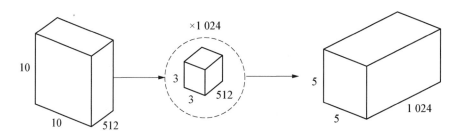

图 5 - 5　传统卷积过程

在卷积过程中某一层经编布匹的瑕疵特征图为 $10 \times 10 \times 512$(10×10 表示瑕疵特征的大小,512 表示特征的数量),卷积核的大小为 3×3,数量为 1 024 个,步长为 2,填充采用 same 形式,因此根据卷积操作,得到的特征图为 $5 \times 5 \times 1024$,总的浮点运算次数(floating point operations, FLOPs)计算量为 235 929 600($3 \times 3 \times 2 \times 5 \times 5 \times 512 \times 1\,024$)。

由于传统卷积操作的计算量大,因此采用深度可分离卷积的思想降低参数量,如图 5 - 6 所示。首先对经编布匹的瑕疵特征在通道上进行卷积操作,得到 $5 \times 5 \times 512$ 的瑕疵特征图;然后再使用 1024 个 $1 \times 1 \times 512$ 的卷积进行操作;最终得到和传统卷积一样的特征输出为 $5 \times 5 \times 1024$。总的 FLOPs 计算量为 26 444 800($3 \times 3 \times 512 \times 2 \times 5 \times 5 + 1024 \times 512 \times 2 \times 5 \times 5$),计算量约为传统卷积的 11.2%。

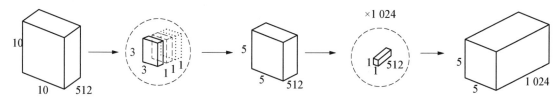

图 5 - 6　深度可分离卷积过程

通过结合 ASPP 模块以及深度可分离卷积，最终的经编布匹瑕疵检测模型整体网络框架见表 5-1。

表 5-1　整体网络结构框架

类型	步长	卷积核参数	输入尺寸	输出尺寸
普通卷积	2	$3\times3\times1\times32$	$300\times300\times1$	$150\times150\times32$
可分离卷积	1	$3\times3\times32+1\times1\times32\times64$	$150\times150\times32$	$150\times150\times64$
可分离卷积	2	$3\times3\times64+1\times1\times64\times128$	$150\times150\times64$	$75\times75\times128$
ASPP 模块	1	3×3（生长率 1、3、5）	$75\times75\times128$	$75\times75\times128$
可分离卷积	1	$3\times3\times128+1\times1\times128\times128$	$75\times75\times128$	$75\times75\times128$
可分离卷积	2	$3\times3\times128+1\times1\times128\times256$	$75\times75\times128$	$38\times38\times256$
可分离卷积	1	$3\times3\times256+1\times1\times256\times256$	$38\times38\times256$	$38\times38\times256$
ASPP 模块	1	3×3（生长率 1、3、5）	$38\times38\times256$	$38\times38\times256$
可分离卷积	2	$3\times3\times256+1\times1\times256\times512$	$38\times38\times256$	$19\times19\times512$
可分离卷积	1	$3\times3\times512+1\times1\times512\times512$	$19\times19\times512$	$19\times19\times512$
ASPP 模块	2	3×3（生长率 1、3、5）	$19\times19\times512$	$10\times10\times512$
可分离卷积	1	$3\times3\times512+1\times1\times512\times512$	$10\times10\times512$	$10\times10\times512$
可分离卷积	2	$3\times3\times512+1\times1\times512\times1\,024$	$10\times10\times512$	$5\times5\times1\,024$
可分离卷积	1	$3\times3\times1\,024+1\times1\times1\,024\times1\,024$	$5\times5\times1\,024$	$5\times5\times1\,024$
池化层	1	5×5	$5\times5\times1\,024$	$1\times1\times1\,024$
全连接层	1	$1\,024\times6$	$1\times1\times1\,024$	$1\times1\times6$

在神经网络训练过程中，参数优化的稳定性在一定程度上取决于损失函数的选择。目前，常用目标检测网络的类别损失函数为交叉熵损失函数，其二分类交叉熵公式为

$$CE(p,y)=-y\lg(p)-(1-y)\lg(1-p) \tag{5-1}$$

式中，p 为模型预测的概率；y 为真实值。定义表达式为

$$p_t=\begin{cases} p, & y=1 \\ 1-p, & \text{其他} \end{cases} \tag{5-2}$$

式中，p_t 为定义的中间变量名。为方便后续表示，则最终的二分类交叉熵损失函数为

$$CE(p_t)=-\lg(p_t) \tag{5-3}$$

根据式(5-3)可以推断，交叉熵损失值容易受到类别不平衡问题的影响。由于经编布匹中瑕疵所占据的像素区域相对整个图像而言比例很小，在训练过程中会出现正负样本不平衡的问题，因此采用 Focal Loss 函数，见下式：

$$FL(p_t)=-\alpha_t(1-p_t)^{\gamma}\lg(p_t) \tag{5-4}$$

式中，α_t 为矫正系数；γ 为超参数，一般取 2。通过在交叉熵损失函数中增加 α_t 和 γ 两个

参数约束后,可以在网络的训练过程中自动对正、负样本,以及简单、复杂样本的不平衡进行调整。

为使最终得到的模型在实际工厂的经编布匹瑕疵检测中也有很好的准确率,因此在模型训练过程中建立符合瑕疵特征的评判标准是极其重要的。通常检测模型好坏的标准有正确率、准确率、召回率、接受者操作特性(receiver operating characteristic, ROC)曲线、AUC(area under curve)值、平均精度均值(mean average precision, mAP)等,不同评判标准用于不同场景。针对经编布匹瑕疵类别数量不平衡的问题以及瑕疵特征的独特性,采用 mAP 的评判方法。

假设瑕疵为二分类,可以得到混淆矩阵,其中,T_P 代表将瑕疵正确预测为瑕疵的数量,T_N 代表将背景正确预测为背景的数量,F_P 代表将背景错误预测为瑕疵的数量,F_N 代表将瑕疵错误预测为背景的数量。

准确率表示真正瑕疵数量占预测瑕疵数量的百分比,其计算式为

$$P = \frac{T_P}{T_P + F_P} \times 100\% \tag{5-5}$$

召回率表示被正确预测的瑕疵数量占真正瑕疵数量的百分比,其计算式为

$$R = \frac{T_P}{T_P + F_N} \times 100\% \tag{5-6}$$

为了结合瑕疵的准确率和召回率,使用 P_{AP} 表示同一类别的瑕疵在不同召回率上的准确率平均值,其计算式为

$$P_{AP} = \frac{1}{n} \sum_{i=1}^{n} (P_i \mid R_i) \tag{5-7}$$

针对瑕疵类别不平衡的特征,结合所有类瑕疵每一个 P_{AP} 值,选择 P_{mAP} 作为模型的最终评判标准,其计算式为

$$P_{mAP} = \frac{1}{c} \sum_{i=1}^{c} P_{AP_i} \tag{5-8}$$

式中,c 为瑕疵的类别数;AP_i 为每一类瑕疵的 P_{AP}。根据 P_{mAP} 的评判标准,只要最终训练得到的模型评判值足够高,说明该模型的泛化能力越强。

4) 检测算法对比验证

为验证轻量级经编布匹瑕疵在线检测算法的精度与速度,设计不同类型的实验。待检测瑕疵的类型为折痕、脏污、破洞、脱针、勾纱,输入图像大小为 300 px × 300 px,其中用于训练 MUNIT 模型的瑕疵图像数量为 1 000 张,每类瑕疵图像数量为 200 张。用于检测模型的训练图像数量为 10 000 张,每类瑕疵图像数量各 2 000 张。

在 MUNIT 模型训练过程中,设定布匹的背景即正常图像为内容,不同种类的瑕疵为风格。因此,在扩充样本的时候只要输入正常图像就可以得到瑕疵图像,如图 5-7 所示。

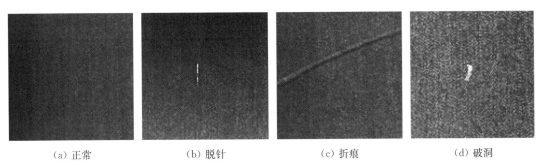

（a）正常　　　　　（b）脱针　　　　　（c）折痕　　　　　（d）破洞

图 5 - 7　MUNIT 扩充瑕疵样本

　　将训练好的模型用于经编布匹测试集检测瑕疵,采用二阶模型 Faster R - CNN(faster regions with convolutional neural network features)、原始一阶模型 YOLO(you only look once)及本案例设计的模型进行瑕疵检测效果对比,如图 5 - 8 所示。图 5 - 8 中预测类别后面的数值代表模型预测为该类瑕疵的置信度,置信度越高,模型在训练过程中提取不同类别瑕疵各自的特征越好,能够将不同的瑕疵进行准确分类。由图 5 - 8 可知,原始一阶模型 YOLO 的置信度不高,而设计的模型置信度与二阶模型 Faster R - CNN 基本一致。

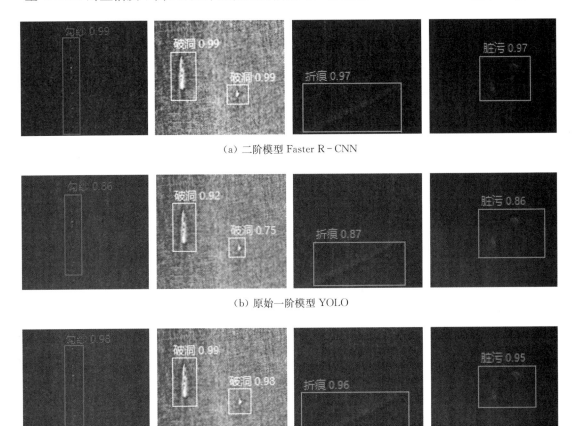

（a）二阶模型 Faster R - CNN

（b）原始一阶模型 YOLO

（c）设计的模型

图 5 - 8　不同模型的瑕疵检测效果对比

为评估设计的深度学习模型的有效性,通过对折痕、破洞、脏污、脱针、勾纱分别各 200 张经编布匹图像进行检测,与原始一阶模型 YOLO 以及二阶模型 Faster R - CNN 进行对比,结果见表 5 - 2。

表 5 - 2　3 种算法对 5 类瑕疵的检测结果对比

瑕疵类型	检测模型	图像数量/张	识别成功/张	识别准确率/%	平均识别时间/s
折痕	Faster R - CNN	200	197	98.5	0.158
	YOLO	200	186	93.0	0.061
	设计的算法	200	195	97.5	0.021
破洞	Faster R - CNN	200	199	99.5	0.160
	YOLO	200	188	94.0	0.060
	设计的算法	200	199	99.5	0.020
脏污	Faster R - CNN	200	188	94.0	0.159
	YOLO	200	178	89.0	0.060
	设计的算法	200	187	93.5	0.021
脱针	Faster R - CNN	200	190	95.0	0.158
	YOLO	200	180	90.0	0.061
	设计的算法	200	188	94.0	0.021
勾纱	Faster R - CNN	200	191	95.5	0.160
	YOLO	200	179	89.5	0.060
	设计的算法	200	189	94.5	0.021

分析表 5 - 2 可知:设计的算法模型的平均识别准确率为 95.8%,比原始一阶模型 YOLO 高 5% 左右,与二阶模型 Faster R - CNN 基本一致;由平均识别时间折算为检测速度,设计的算法模型的检测速度是原始一阶模型 YOLO 的 3 倍左右,约是二阶模型 Faster R - CNN 的 8 倍。对于幅宽为 2 m 的布匹,设计的算法模型的检测速度可达 1.2 m/s,是目前人工检测速度 0.2~0.3 m/s 的 4~6 倍,满足工厂实际需求。

综上所述,采用轻量级模型的经编布匹瑕疵在线检测模型,在提高精度的同时减少模型的运行时间,可以代替人工实现瑕疵在线检测,具体结论如下:

(1) 通过改进 MUNIT 模型扩充瑕疵样本,生成的瑕疵样本图像清晰度较高,可以使检测模型训练数据集不受实际瑕疵样本数据采集的影响。

(2) 通过自定义符合瑕疵特征的 ASPP 模块,以及引入 Folcal Loss 损失函数,可显著提高模型的精度,使模型具有更好的泛化能力。

(3) 利用深度可分离卷积解决传统卷积计算量大的问题,显著提高模型运行速度,对于幅宽为 2 m 的布匹而言,检测速度可达 1.2 m/s,满足工厂实际效率需求。

5.3　人工智能技术在机械部件损伤检测中的应用

5.3.1　基于 SVM 的滚动轴承出厂检测方法

1) 问题描述

随着机械设备日益向流程化、计算机化、技术密集化的方向发展,各种流水线生产的零部件被广泛应用于航天、医疗、制造、汽车等领域。在机械设备中,任何一个零部件出现质量问题,均可能导致相关联的部件功能失效或其他影响设备性能问题的产生,因此保障零部件的质量安全具有重要意义。现阶段制造业中很多零部件均已实现自动化批量生产,如常见的轴承、制动片、法兰、通风盘等。其中轴承被誉为"工业的关节",在各个领域被广泛应用,其质量直接影响机械工业、国防科技等产业的发展。可见轴承的质量安全对各个行业以及人们的生活起居具有重要意义。保证滚动轴承的安全性和可靠性可从轴承生命周期的三个阶段开展:第一阶段是在生产阶段通过改进产前轴承的设计、工艺管理来提高轴承的安全性和可靠性;第二阶段是在轴承出厂前对其进行合格检测;第三阶段是在轴承使用过程中对其进行状态监测。其中,出厂前对零件进行合格检测是对完工后的轴承成品进行检测,确保进入流通领域的轴承质量安全,可进一步保障用户利益和企业自身信誉,因此对轴承出厂检测技术的研究具有重要意义。

目前,滚动轴承出厂检测常用的方法主要是采用人工抽样的异常声检测法,该方法采用人工抽样并通过轴承振动测量仪对抽检样本正常运转过程中的异常振动及噪声信号进行检测,根据人工判断来剔除质量缺陷产品。然而,该方法存在自动化程度低、劳动强度大、操作繁琐、参数单一、缺乏智能识别模式,以及临界判断模糊等缺点,且面对大批量的轴承时,很难实现全检。因此,研究出一种滚动轴承出厂快速检测方法以保障轴承出厂的检测速度和检测准确率,对提高企业的经济效益以及促进国内实体行业经济发展具有重要意义。

2) 支持向量机原理

支持向量机(support vector machines, SVM)的基本思想是找到最优分类超平面,使模型在数据上的分类误差最小化,尤其是针对未知数据集上的分类误差(泛化误差)的最小化,能进一步实现数据的最优分类。

假设存在两类数据共 X 个训练样本,其中,每个训练样本 i 可以表示为 (m_i, n_i),其中 $i = 1, 2, \cdots, X$,$m_i = (m_{1i}, m_{2i}, \cdots, m_{ni})^\mathrm{T}$ 即样本含有 n 维特征。$N_i \in N = \{-1, 1\}$ 为样本的分类标志,紫色标签为1,红色点标签为-1。决策边界记作

$$w^\mathrm{T} m + d = 0 \tag{5-9}$$

当 $n = 2$,则有 $m_i = (m_{1i}, m_{2i}, \cdots, m_{ni})^\mathrm{T}$,此时可在二维平面上以 m_{2i} 为横坐标、以 m_{1i} 为纵坐标,可视化 X 个训练样本如图 5-9 所示。

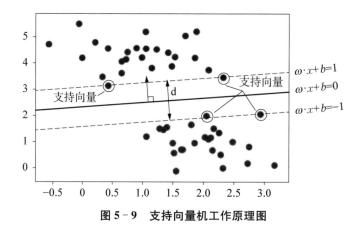

图 5‑9　支持向量机工作原理图

为使决策边界正确分类所有样本且分类间隔最大化,决策边界须满足以下条件:

$$n_i[(w \cdot m_i) + d] \geqslant 1, \ i = 1, 2, \cdots, X \tag{5-10}$$

计算得到分类间隔为

$$f(w) = \frac{\|w\|^2}{2} \tag{5-11}$$

构造最优超平面的问题就被进一步转化为在约束条件下求:

$$\min \Phi(w) = \frac{1}{2}\|w\|^2 = \frac{1}{2}(w' \cdot w) \tag{5-12}$$

为求解使得损失函数最小化的 w,现将损失函数从最初形态转化为拉格朗日乘数形态,即

$$L(w, d, \varphi) = \frac{1}{2}\|w\|^2 - \sum_{i=1}^{X} \varphi_i[n_i(w \cdot m_i + d) - 1] \quad \varphi_i \geqslant 0 \tag{5-13}$$

式中,φ_i 为拉格朗日乘数。此时约束最优化问题取决于拉格朗日函数的鞍点,且最优化问题的解在鞍点处对 w 和 b 的偏导数为 0。通过将该 QP 问题转化为拉格朗日对偶问题进一步计算,即

$$\max Q(\varphi) = \sum_{j=1}^{l} \varphi_j - \frac{1}{2} \sum_{i=1}^{l} \sum_{j=1}^{l} \varphi_i \varphi_j n_i n_j (m_i \cdot m_j)$$

$$\text{s. t. } \sum_{j=1}^{l} \varphi_j n_j = 0, \ j = 1, 2, \cdots, l, \ \varphi_j \geqslant 0, \ j = 1, 2, \cdots, l \tag{5-14}$$

通过式(5‑14)及约束条件得到最优决策边界为

$$w^* \cdot m + d^* = 0 \tag{5-15}$$

最优决策函数为

$$f(x) = \operatorname{sgn}\{(w^* \cdot m) + d^*\} = \operatorname{sgn}\left\{\left[\sum_{j=1}^{l} \varphi_j^* n_j (m_j \cdot m_i)\right] + d^*\right\}, \ m \in R^n$$

$$(5-16)$$

数据线性不可分时,SVM 通过升维的方式将非线性问题转化为线性问题,并通过寻找高纬度空间最优决策边界实现线性不可分数据的分类,其原理如图 5 - 10 所示。

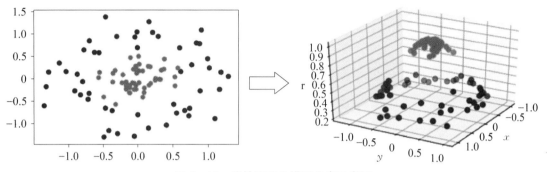

图 5 - 10　线性不可分模型分类示意图

理论上,同一道加工工序中生产的合格轴承,其频响函数的特征信息应该是一个固定的点,但在实际加工过程中,由于加工误差存在,特征点坐标会发生偏移,合格样本特征点为一系列横坐标为频率、纵坐标为幅值的点云,如图 5 - 11 所示。

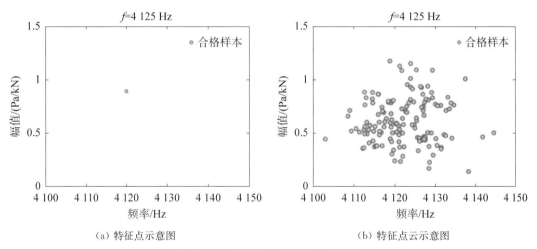

（a）特征点示意图　　　　　　　　　（b）特征点云示意图

图 5 - 11　滚动轴承特征信息示意图

3）基于 SVM 原理的轴承故障检测

轴承合格性判定为定性判断,即只有合格和不合格两种情况,属于二分类问题。由于单个特征点只有频率和幅值两个特征,故可令 $n = 2$,结合二维特征对六阶不同的模态频率分类效果进行预选,取合格轴承的训练样本数为 100,标签定义为 1,不合格轴承的训练样本数为 100,标签定义为 -1。以频响函数在模态频率处峰值坐标作为分类模型的输入向量,SVM 进行滚动轴承合格性判定的流程如图 5-12 所示。

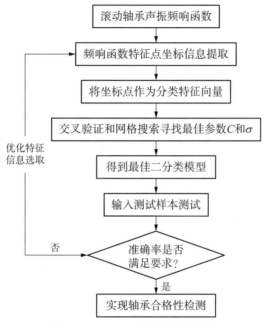

图 5-12 SVM 轴承合格性检测

将频响函数在模态频率处的点作为 SVM 的输入向量并输入模型中进行训练,核函数选用高斯径向基核函数,引入惩罚函数 C 调整训练点的决策边界,利用交叉验证和网格搜索的方法来寻找 C 和 σ。数据汇总见表 5-3,二维特征分类结果可视化如图 5-13 所示。

表 5-3 单特征点分类准确率

特征信息/Hz	1 513	2 765	3 515	4 125	6 176	11 759
准确率	0.9	0.6	0.75	0.94	0.62	0.83

从图 5-13 中可以看出,特征信息 1 513 Hz、4 125 Hz 分类效果较好,而其余特征信息分类结果则不太理想,原因可能有两种:

(1)该特征信息对轴承损伤引起的固有属性的变化不敏感。

(2)实验过程中由于力锤传感器敲击不当,使得该阶固有频率不能很好地被激发出来,从而进一步导致特征信息的不准确。

综上所述,案例最终选用 $f=1\,513$ Hz、$4\,125$ Hz 这两个特征点的坐标构建 $n=4$ 的多维特征,以该特征作为 SVM 分类模型的输入向量对特征集进行训练,训练样本为 100 个合格样本和 100 个不合格样本,并利用训练得到的 SVM 预测模型对 200 组测试数据进行预测,分类结果显示该分类模型的准确率为 96%。

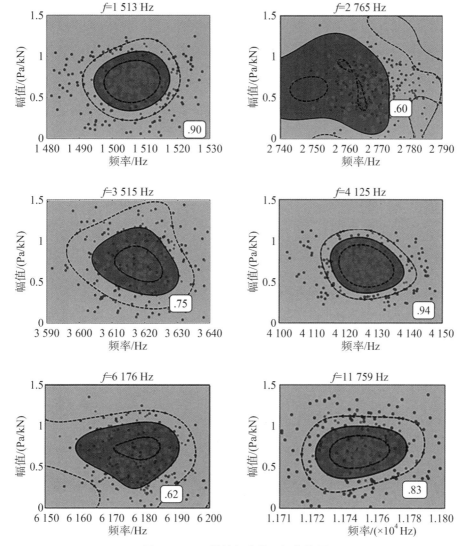

图 5 – 13　二维特征分类可视化结果

5.3.2　谐波减速器出厂损伤检测

1）问题描述

谐波减速器是工业机器人等高精度设备的重要组成部分,其健康状态直接影响装备的整机性能。谐波减速器内部构件在工作中受持续交变载荷作用,极易造成各部件的内在损伤。损伤检测是出厂前的必要环节,主要针对损伤的存在性进行判断,可降低产品召回所带来的巨额经济损失,若发现谐波减速器有损伤存在,则会避免谐波减速器流入下游的使用商。

2）声音信号采集

目前,振动检测是谐波减速器最常用的出厂检测方式,若检测到振幅超过既定值,则判定谐波减速器存在损伤。谐波减速器的振动检测需要搭建实验台，并在特定工况下进行。在实行批量化检测时，需要多次装卸，检测效率低下。为了克服振动检测过程复杂、效率低下等缺点，利用声音检测获取简便、非接触式测量的优点，完成谐波减速器的损伤检测。声音检测是一种无接触式的检测方法，便于实现流水线化的操作。

在谐波减速器损伤检测过程中，选取力锤激励的方式以获取减速器的声音信号。力锤是一种常见的激励设备，可以根据所关注的频带，选择不同的锤头激励出不同的频率范围。与激振器相比，力锤激励具有操作简单、成本低等优点，可用于构件的快速故障诊断。实验过程中采用地面支撑的方式作为约束条件，为避免地面的小幅振动及力锤的连击问题，地面上平铺三聚氰胺泡沫板，以减少力锤敲击谐波减速器后的振动，消除噪声的干扰，提高声音信号品质。

本次损伤敲击检测实验使用的是 DH5922 测试分析系统，采集参数的设置、采集中数据的实时可视化观测、采集结束数据的初步分析以及导出都可以通过该软件来实现。数据导出后，也可以使用 MATLAB、Python 等数据分析软件进行信号处理以及数据分析。如图 5-14 所示为搭建的谐波减速器损伤敲击检测实验平台。

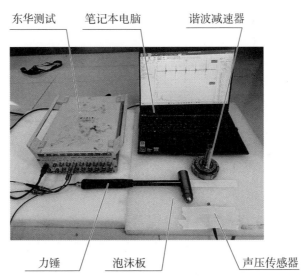

图 5-14 损伤敲击检测实验平台

实验平台的原理如下：将谐波减速器放置于三聚氰胺泡沫板上，泡沫板的作用是隔振与降噪。声压传感器粘贴于泡沫板上，力锤悬挂于声压传感器前上方。通过力锤对待检测谐波减速器施加敲击，使用力锤传感器测量输入激励信号，使用声压传感器测量声音响应信号。东华测试采集输入的力锤激励信号以及输出的声压响应信号，并将其输入到个人电脑(personal computer, PC)端，实时信号显示及储存。设置声压传感器的采样频率为 10 kHz，实验中检测的谐波减速器包括三种型号，每个谐波减速器上均标有"G""B"标签，标签通过谐波减速器的振动测试标定。刚轮的编号可区分同型号的不同谐波减速器，在"G""B"之后添加刚轮编号的末尾数字以区分不同的谐波减速器。例如零件标签代号"G5160"代表无损伤谐波减速器，"5160"为该谐波减速器刚轮编号的末尾数字。

每个谐波减速器做多次实验，两次敲击的时间间隔为 1 s 左右，共得到 3 957 组实验数据，其中正常谐波减速器有 1 984 组，有损伤谐波减速器有 1 974 组。

3）声音特征提取

以 LHSG - 25 - 100 - C - I - S5C 型谐波减速器为例，取一个正常谐波减速器与有损伤谐波减速器为研究对象。使用傅里叶变换，将谐波减速器的声音信号从时域转换为频域，观察有损伤与正常谐波减速器的区别，绘制时域图与频域图，如图 5 - 15 所示。

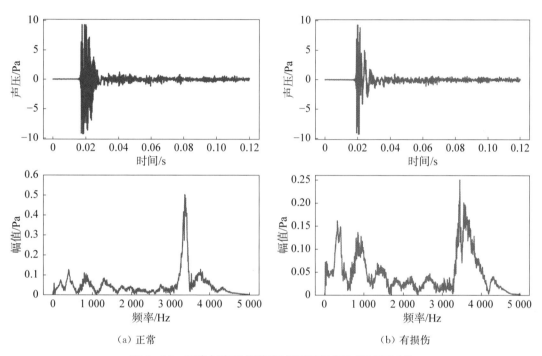

（a）正常　　　　　　　　　　　　（b）有损伤

图 5 - 15　正常与有损伤谐波减速器时域图、频域图对比

可以看出，正常谐波减速器和有损伤谐波减速器的频率分布差别较大，各频率成分下的能量占比对比见表 5 - 4。

表 5 - 4　各频率成分下有损伤与正常谐波减速器能量占比对比

类别	(0, 700]	(700, 1 200]	(1 200, 3 100]	(3 100, 3 500]	(3 500, 4 100]	(4 100, 5 000]
正常	13.09%	9.39%	23.00%	31.59%	17.58%	5.38%
有损伤	19.20%	15.57%	22.23%	11.79%	25.91%	5.29%

正常谐波减速器的频率分量主要集中 3 100～3 500 Hz 的频率成分处，而有损伤谐波减速器在 0～1 200 Hz 频段内成分所占的能量由 22.48% 变为 34.77%，3 100～3 500 Hz

处的能量占比由 31.59％ 下降到 11.79％，3 500 Hz 处的能量由 17.58％ 增加到 25.91％。可发现傅里叶变换对谐波减速器损伤敲击的声音信号能进行较好的分类，但是不同型号谐波减速器的频率组成各异，为了自适应地分解出峰值频率，可采用变分模态分解（variational mode decomposition，VMD）不同频率成分。

将 VMD 原理运用到谐波减速器的损伤敲击检测中，同样取正常谐波减速器与有损伤谐波减速器进行 VMD 迭代求解，得到中心频率以及各模态分量下的时间序列。为了对比不同模态中心频率的贡献率，以及不同模态分量的峰值大小，定义幅值比例 p_i 为第 i 个模态分量的峰值与全部模态分量峰值之和的比例，公式如下：

$$p_i = \frac{A_{\mathrm{IMF}i}}{\displaystyle\sum_{i=1}^{5} A_{\mathrm{IMF}i}} \tag{5-17}$$

中心频率以及中心频率处的幅值见表 5-5。

表 5-5　正常与有损伤减速器各模态分量中心频率、幅值和幅值比例

谐波减速器	参数	IMF1	IMF2	IMF3	IMF4	IMF5
正常	中心频率	377.00	846.14	1 349.63	3 364.72	3 770.60
	幅值	0.124 8	0.104 1	0.078 4	0.501 9	0.127 3
	幅值比例 p	0.133 3	0.111 2	0.083 7	0.535 9	0.135 9
有损伤	中心频率	330.09	884.23	1 423.10	3 456.99	3 698.73
	幅值	0.159 5	0.129 5	0.064 4	0.247 7	0.163 1
	幅值比例 p	0.208 7	0.169 5	0.084	0.324 1	0.213 4

对比傅里叶变换的频域图，发现 VMD 可以很好地将谐波减速器敲击声音的不同频率分量分离开来。表 5-5 内的中心频率对应频域图中的峰值部分。关注表 5-5 中的幅值比例，可发现该型谐波减速器出现损伤以后，IMF1、IMF2、IMF5 即中心频率大约为 300 Hz、800 Hz、3 700 Hz 处的频率成分所占能量上升，而 IMF4 即频率大约为 3 400 Hz 处的频率成分所占能量显著下降，与傅里叶分析结果相吻合。

为了进一步直观地分析 VMD 在谐波减速器损伤敲击检测中的表现，对 VMD 之后各模态分量的时间序列值做傅里叶变换，绘制各分量的时域图以及频域图，如图 5-16 所示。由图 5-16 可以看出，有损伤、正常谐波减速器在 IMF1 分量上的差异最为明显。有损伤的中心频率位于 330.09 Hz 处，正常的中心频率位于 377.00 Hz 处。

时域信号的统计量参数包括均值、标准差、方根幅值、均方根值和峰值等。将有损伤与正常的谐波减速器声音信号直接进行时域统计量计算，与 IMF1 分量的时域统计量对比，采用差值（differ）指标来衡量两种方法的性能，见表 5-6。

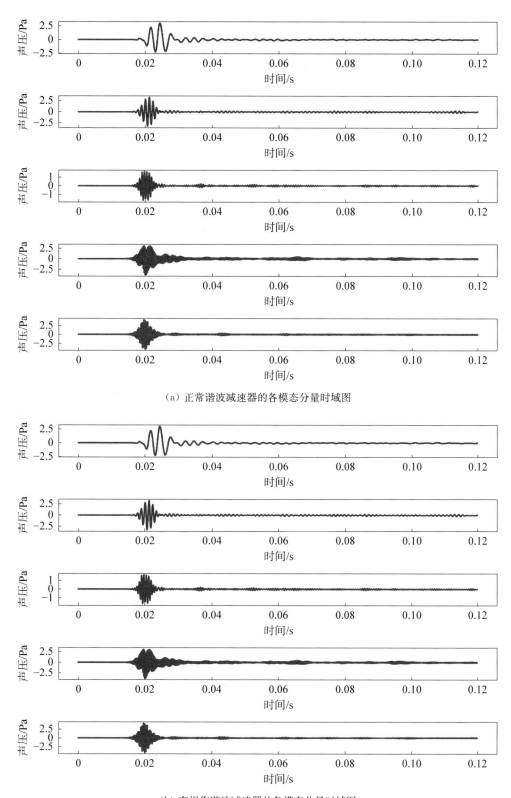

（a）正常谐波减速器的各模态分量时域图

（b）有损伤谐波减速器的各模态分量时域图

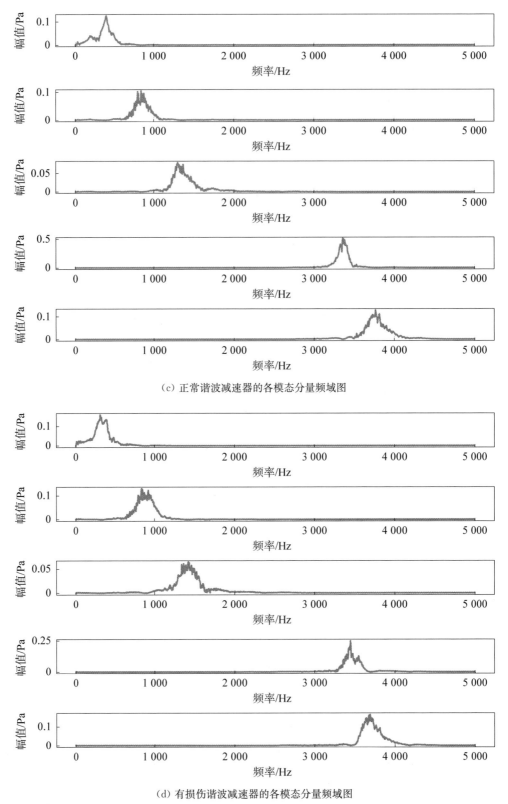

（c）正常谐波减速器的各模态分量频域图

（d）有损伤谐波减速器的各模态分量频域图

图 5‐16　有损伤与正常谐波减速器模态分量时域和频域图

表 5－6　有损伤与正常谐波减速器时域统计量对比

方法	differ 平均值		均值	标准差	方根幅值	均方根值	峰值
直接法	12.58%	正常	−0.037	1.385	0.260	1.385	9.237
		有损伤	−0.038	1.090	0.218	1.091	9.237
		differ	4.16%	21.28%	16.19%	21.26%	0.00%
IMF 分量法（用 IMF1 求取）	38.60%	正常	−0.008	0.279	0.049	0.279	2.166
		有损伤	−0.011	0.412	0.065	0.412	2.954
		differ	27.54%	47.59%	33.96%	47.57%	36.35%

表 5－6 中，两种方法在一定程度上均可分辨谐波减速器是否存在损坏。然而，使用 IMF 分量法的 differ 指标表现更佳，可更加有效地衡量谐波减速器是否存在损伤。其中，标准差和均方根值的性能更好，differ 的值达到 47.59%。两种方法下，对不同时域指标取平均值，基于两种方法分析有损伤与正常的信号差异分别为 12.58% 和 38.60%，IMF 分量法是直接法的 3 倍。因此，采用 IMF 分量的方法可以更好地区分出谐波减速器的损伤特征。

5.4　人工智能技术在机械部件健康监测中的应用

1）问题描述

性能退化评估（performance degradation assessment, PDA）是一种能够尽早检测故障起始时间并持续跟踪故障退化的技术，其策略是开发一个健康指标以识别机器的不同退化阶段。PDA 能为剩余使用寿命预测提供了第一预测时间，且能为预测模型提供退化趋势和观测值。此外，如果能在 PDA 中识别出不同的退化阶段，则可在不同阶段采用不同的预测模型，而不是单一的预测模型，从而提高剩余使用寿命的预测精度。一般来说，机器 PDA 的健康指标构建方法可以分为三类：统计和信号处理方法、机器学习方法和数据融合方法。

谐波减速器具有体积小、传动效率高以及承载能力强等优点，在航空航天、工业机器人及矿山冶金等领域得到日益广泛的应用。通常，谐波减速器由刚轮、柔轮、波发生器组成，具有薄壁结构的柔轮及柔性轴承会持续承受高频交变应力载荷作用，而极易造成各部件的内在损伤，包括柔轮断裂、柔轮磨损、柔性轴承断裂等。谐波减速器作为一种复杂的高精密机械部件，其健康状态直接影响着装备的整机性能。对谐波减速器 PDA 的研究具有重要意义。

迄今为止，关于 PDA 的研究大多依赖于振动分析方法来实现。虽然振动信号可直接反映设备运行状态，但对早期的微弱损伤征兆做出判断和预警的难度较大，且谐波减速器大多应用于轨迹复杂、激励源众多的场景，在掺杂较多噪声时，振动信号难以解耦，无法满足谐波减速器 PDA 的需求。因此，迫切需要一种能够识别早期微弱损伤的检测手段，用于评估谐波减速器性能退化的演变规律。

2）信号采集及损伤源分类

采用声发射技术对谐波减速器微弱损伤进行早期检测。为了快速获得谐波减速器的损伤信号，通过图 3-19 所示加速寿命实验台进行信号采集和性能监测，共进行三次加速寿命实验，实验总时长分别为 2 210 h、2 966 h 和 3 340 h。

疲劳裂纹及磨损是谐波减速器的主要声发射源，其活动性评价和发展趋势可以通过声发射参数经历图分析方法实现，分析声发射信号参数随时间或外变量的变化趋势。根据经历图分析法分析三组实验数据，可获得如图 5-17 所示谐波减速器振铃计数与时间的经历图。其中，每幅图包含了前期（500 h）和后期（2 000 h）的样本数据。观察三组经历图的共同特征，根据振铃计数（count）的大小，可将撞击点分成两类：第 I 类撞击点，count 较大；第 II 类撞击点，count 较小。

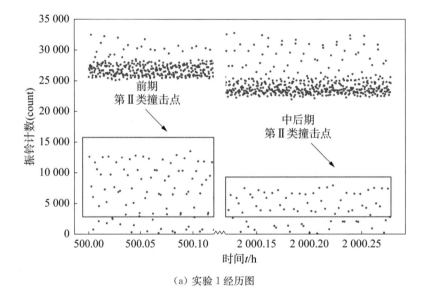

（a）实验 1 经历图

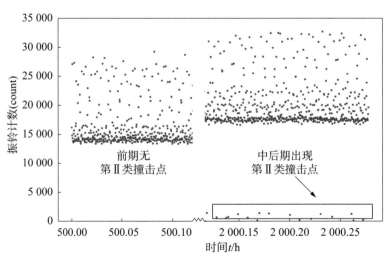

（b）实验 2 经历图

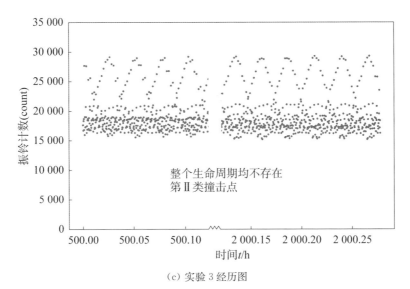

（c）实验 3 经历图

图 5 - 17 谐波减速器振铃计数与时间的经历图

从撞击数量上来看，第 Ⅰ 类撞击点数量更多，故该声发射源信号更活跃。三组实验的主要失效形式均为疲劳裂纹，磨损程度各不相同。使用内窥镜观测，可获得谐波减速器在加速寿命实验后的磨损图，如图 5 - 18 所示。表 5 - 7 对比了 3 次实验后零件的磨损情况及第 Ⅱ 类撞击点的存在情况，发现两者之间存在明显的相关性。因此，第 Ⅰ 类撞击点对应的声发射信号为裂纹的损伤源，而第 Ⅱ 类撞击点的声发射信号则对应磨损，实验分析与观测结果完全吻合。

（a）实验 1 磨损剧烈

（b）实验 2 轻微磨损

（c）实验 3 未观察到明显磨损

图 5 - 18 谐波减速器磨损情况

表 5‑7   磨损情况及第Ⅱ类撞击点存在情况

实验序号	磨损情况	第Ⅱ类撞击点
实验 1	磨损剧烈	全生命周期均存在
实验 2	轻微磨损	前期无中后期存在
实验 3	未观察到明显磨损	整个生命周期均无

3）谐波减速器 PDA

谐波减速器的 PDA 流程如图 5‑19 所示，从两个方面进行 PDA。一方面是基于损伤源进行生命周期划分，根据占主要失效形式裂纹损伤源的扩展规律，通过能量和平均信号电平（average signal level，ASL）平均值的变化趋势，分辨出四个明显的时期；另一方面是性能退化报警阈值的确立，通过主成分分析（principal component analysis，PCA）异常检测，并统计异常点累积量，得到其退化趋势及报警阈值。

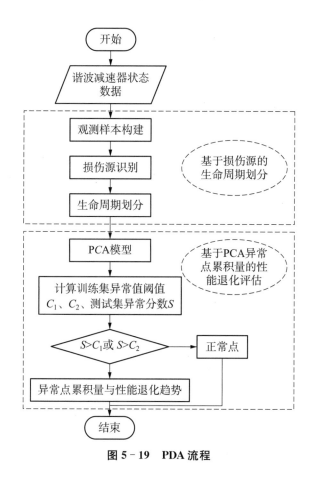

图 5‑19   PDA 流程

（1）谐波减速器生命周期划分。以 Paris 公式表征疲劳裂纹扩展速率与应力强度因子的关系：

$$\frac{\mathrm{d}a}{\mathrm{d}N} = C_1 (\Delta K)^m \tag{5-18}$$

式中，a 为裂纹长度；N 为疲劳循环次数；C_1 和 m 为材料相关常数；ΔK 为应力强度因子范围。将式(5-18)转化为对数形式：

$$\ln\left(\frac{\mathrm{d}a}{\mathrm{d}N}\right) = \ln C_1 + m\ln(\Delta K) \tag{5-19}$$

声发射振铃计数与应力强度因子的关系为

$$\frac{\mathrm{d}H}{\mathrm{d}N} = C_2 (\Delta K)^n \tag{5-20}$$

式中，H 为振铃计数；N 为疲劳循环次数；C_2 和 n 为材料相关常数；ΔK 为应力强度因子范围。将式(5-20)转化为对数形式：

$$\ln\left(\frac{\mathrm{d}H}{\mathrm{d}N}\right) = \ln C_2 + n\ln(\Delta K) \tag{5-21}$$

联立式(5-19)和式(5-21)，可得

$$\ln\left(\frac{\mathrm{d}a}{\mathrm{d}N}\right) = \frac{1}{n}\left[\ln\frac{C_1^n}{C_2^m} + m\ln\left(\frac{\mathrm{d}H}{\mathrm{d}N}\right)\right] \tag{5-22}$$

式(5-22)建立了裂纹扩展模型，得到裂纹扩展速率 $\dfrac{\mathrm{d}a}{\mathrm{d}N}$ 与计数率 $\dfrac{\mathrm{d}H}{\mathrm{d}N}$ 的关系。同理可得裂纹扩展速率与能量率的关系式，进而从理论上证明，振铃计数、能量等声发射参数可反映裂纹扩展的速率及性能退化的程度。

为了体现各声发射参数在谐波减速器全生命周期中的变化，对每个样本中 1 000 个撞击的声发射参数取平均值，得到时间-声发射参数平均值历程图如图 5-20、图 5-21 所

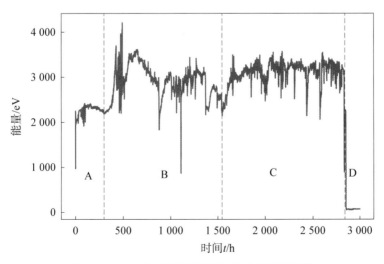

图 5-20　实验 1 能量趋势图以及生命周期划分

示。图 5 - 20、图 5 - 21 选取实验 1，分析趋势性较好的能量和 ASL 两个参数，计算每个样本的平均值，得到能量和 ASL 的平均值随性能退化的变化趋势。

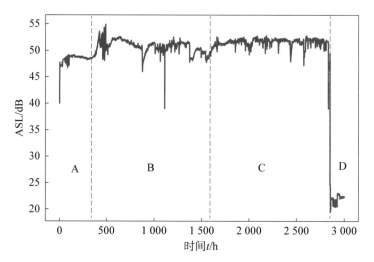

图 5 - 21　实验 1 ASL 趋势图以及生命周期划分

根据能量、ASL 平均值的大小和变化趋势，以及依据裂纹的扩展规律，将谐波减速器的生命周期大致划分为四个阶段：正常无损伤期、裂纹萌生期、裂纹稳定扩展期和裂纹失稳扩展期，各个时期能量和 ASL 的范围见表 5 - 8。

表 5 - 8　不同时期能量与 ASL 分布范围

时期	标识	能量/eV	ASL/dB
正常无损伤期	A	2 200±100	47±1
裂纹萌生期	B	2 200～4 500	47～55
裂纹稳定扩展期	C	3 100±200	51±1
裂纹失稳扩展期	D	＜1 000	＜25

正常无损伤期和裂纹稳定扩展期下能量、ASL 值均处于一个较为恒定的值，失稳扩展期持续时间短暂，声发射活动性微弱，且能量和 ASL 的值都很低。裂纹萌生期则位于正常无损伤期和裂纹稳定扩展期之间，在这个时期，损伤多次孕育并愈合，能量和 ASL 曲线均处于不断波动的状态。

（2）性能退化报警阈值确定。PCA 是一种线型的特征提取方法，通过正交变换将一组可能存在线性相关性的特征转换为一组线性不相关的特征。以 PCA 原理为基础，利用采集的 6 个声发射参数作为 PCA 的输入，根据每个样本在映射后特征空间不同维度上前 3 个与后 3 个特征向量的偏离程度，确定减速器运行中的异常信号，达到异常检测的目的。以异常点累积量为指标，可有效评估谐波减速器性能退化程度。

具体分析步骤如下：

步骤一：共 $n+s$ 个样本，选取前 n 个样本为训练样本 $\boldsymbol{X}_{\text{train}}$，后 s 个样本为测试样本 $\boldsymbol{X}_{\text{test}}$，分别可表示为

$$\boldsymbol{X}_{\text{train}} = \boldsymbol{X}_{n\times 6} = [\boldsymbol{x}(t_1),\ \boldsymbol{x}(t_2),\ \cdots,\ \boldsymbol{x}(t_n)]^{\text{T}} \tag{5-23}$$

$$\boldsymbol{X}_{\text{test}} = \boldsymbol{X}_{s\times 6} = [\boldsymbol{x}(t_1),\ \boldsymbol{x}(t_2),\ \cdots,\ \boldsymbol{x}(t_s)]^{\text{T}} \tag{5-24}$$

式中，$\boldsymbol{x}(t_1) \sim \boldsymbol{x}(t_s)$ 均表示在该时刻表征其状态的声发射参数集合。

将训练样本进行中心化及标准化处理，学习得到 PCA 模型。PCA 再做特征值分解，得到特征值和特征向量，特征向量反映了原始数据方差变化程度的不同方向，特征值反映了数据在对应方向上的方差大小，并将特征向量按照特征值大小排序，得到 6 个特征向量。前 3 个特征向量方向上偏差较大的数据样本，往往代表数据在前 3 个特征上的极值点；而后 3 个特征向量方向上偏差较大的数据样本，表示与原始数据对应的几个特征值上出现了与预计不太一样的情况。分别计算前 3 个特征向量以及后 3 个特征向量的偏差，利用分位数设定前 3 个特征向量的阈值 C_1 及后 3 个特征向量的阈值 C_2。

步骤二：把测试样本输入到训练好的 PCA 模型，计算其异常分数即该样本在所有方向上的偏离程度：

$$S[x(t_{\text{m}})] = \sum_{i=1}^{6} d_{\text{m}i} = \sum_{i=1}^{6} \frac{y_i^2}{\lambda_i} \tag{5-25}$$

式中，y_i 为样本在重构空间里到特征向量的距离；λ_i 为用于归一化的特征值。

分别计算前 3 个及后 3 个特征向量的异常分数，若满足以下条件，则判定为一个异常样本：

$$\sum_{i=1}^{3} d_{\text{m}i} > C_1 \quad \text{或} \quad \sum_{i=4}^{6} d_{\text{m}i} > C_2 \tag{5-26}$$

步骤三：构建性能评估指标异常点累计量，拟合其退化趋势，并根据曲线得到异常点数量急剧增加的时刻，在该时刻获得报警阈值。

为了验证 PCA 异常检测算法在本应用场景下的优越性，将 PCA 异常检测的结果同常用的单类 SVM（One-Class SVM）算法对比。为保证两异常检测算法的可比较性，两者训练集的异常点所占比例取相同的值 5%，PCA 异常检测算法中分位数选择 0.95，One-Class SVM 参数设置中 nu 取值为 0.05。使用该方法用于谐波减速器性能评估，将其得到的结果与案例中所述方法对比，如图 5-22 所示。

图 5-22 展示了异常检测方法构建的异常点累积量指标随时间的变化趋势。从图中可以看出，One-Class SVM 方法对早期的异常点不敏感，且检测到设备运行后期异常点累计速率大幅加快的时刻在 2700 h 左右，远远滞后于 PCA 异常检测算法检测的时刻。通过 PCA 异常检测方法得到的异常点累计指标，与单一的能量、ASL 值的变化趋势相比，单调性、趋势性、抗噪能力均有所增强。在 300 h、1300 h、1800 h 附近出现异常点集聚现象，分

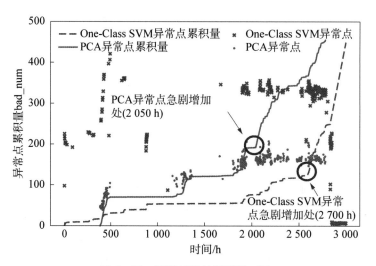

图 5-22　两种异常检测算法对比

别对应了划分的正常无损伤期、裂纹萌生期、裂纹扩展期较为活跃的声发射活动。随着时间的演变,声发射异常点聚集处的异常点数量逐渐增加,符合谐波减速器性能退化的整体趋势。在 2 050 h 时,检测到有异常点累积速率明显变快的趋势。此时,可对谐波减速器的加速破坏做出预警,应当增加设备检修的频率,确认工况是否出现异常,及时对设备进行保养,以期达到更长的服役寿命。

参考文献

［1］赵雪岩,李卫华,孙鹏. 系统建模与仿真[M]. 北京:国防工业出版社,2015.

［2］长松昭男. 声振模态分析与控制[M]. 于学华,译. 北京:科学出版社,2014.

［3］尹飞鸿. 有限元法基本原理及应用[M]. 北京:高等教育出版社,2010.

［4］徐洋,华宏星,张志谊. 舰用主动柔性耦合隔振系统建模研究[J]. 工程力学,2008,25(12):223－228.

［5］程福荣. 簇绒地毯织机纱线束振动特性研究[D]. 上海:东华大学,2018.

［6］李丁霖. 基于传递矩阵法的簇绒地毯装备耦联轴系建模方法研究[D]. 上海:东华大学,2016.

［7］薛栋文. 谐波减速器裂纹声发射特性分析及寿命预测[D]. 上海:东华大学,2022.

［8］蒋青飞. 星箭解锁分离装置的动力学建模及特性研究[D]. 上海:东华大学,2017.

［9］张子煜. 基于统计能量分析的簇绒地毯织机高频噪声抑制[D]. 上海:东华大学,2021.

［10］叶鹏华. 砖塔式复合磨床砂轮架系统结构振动特性的实验模态分析方法研究[D]. 上海:东华大学,2015.

［11］李昂昂. 宽重型织机噪声源声全息定位技术研究[D]. 上海:东华大学,2019.

［12］林洪贵. 基于传递路径分析方法的簇绒地毯织机噪声源定位研究[D]. 上海:东华大学,2018.

［13］张晓蕾. 基于改进集总平均经验模态分解的经编机噪声源分离与识别[D]. 上海:东华大学,2018.

［14］钱如峰. 基于小波分析的簇绒地毯织机噪声识别方法研究[D]. 上海:东华大学,2018.

［15］赵永强. 基于声音-声发射的谐波减速器损伤检测及性能评估[D]. 上海:东华大学,2023.

［16］唐有赟,盛晓伟,徐洋,等. 基于轻量级模型的经编布瑕疵在线检测算法[J]. 东华大学学报(自然科学版),2020,46(6):922－928.

［17］荣朝营. 基于模态分析的滚动轴承出厂快速检测方法[D]. 上海:东华大学,2020.